288道怀孕餐
养胎瘦身两不误

孙晶丹 主编

新疆人民出版总社
新疆人民卫生出版社

编辑室报告

很多孕妈妈在怀孕期间经常会感到不适，追根究底可能是吃错了食物，孕妈妈相较一般人身体更为金贵，如何吃得健康？兼具各个孕期所需营养？这两个问题常是孕妈妈及家人心中的疑惑。

本书针对孕妈妈们，量身打造出孕期专属的全营养食谱，让妈妈们从怀孕开始，不仅享受美味、吃对食物，更无需担心对身体造成负担，反而因为吃对食物，产后轻易恢复到产前的轻盈状态。

根据怀孕月份的不同，本书为妈妈们量身定做288道专属食谱，依据食材类别、营养及特性，精心挑选出各个时期适合食用的食材，兼顾孕妈妈味觉上的享受。希望这些既营养又美味，并且不会造成孕妈妈身体负担的食谱，能让孕妈妈在十个月的孕期内摄取需要的营养，同时享受烹饪的美味，但却养胎不胖身，依然维持孕前纤瘦好气色。

每个精选食谱单元最末，都收录了适合该孕期的“阳光‘孕’动”，期待孕妈妈跟着一起做！如此一来，孕妈妈在享受美食的过程中，不仅会保持纤瘦，更会拥有红润好气色。

怀孕十个月，妈妈们面对许多全新的挑战，针对不同的状况，本书收录了“孕期十月注意事项”，搜罗孕妈妈可能面临的各种状况，给予适合建议，让孕妈妈在面临一至十月的各种孕期状况，都能临危不乱地处理，甚至按图索骥解决自己的困扰。

目录 CONTENTS

Part 3
孕期三、四月精选食谱&阳光“孕”动

Part 4
孕期五、六月精选食谱&阳光“孕”动

Part 5 孕期七、八月精选食谱&阳光“孕”动

Part 6
孕期九、十月精选食谱&阳光“孕”动

Part 7
孕期十月注意事项

part 1 食材常识大汇集

本单元收录了几种最常出现在月子餐的食材，针对其营养、挑选方式、清洗以及保存方式通通做了详尽介绍。

包菜

包菜具备B族维生素、维生素C、钙、钾、磷及膳食纤维等营养素，更含有丰富的人体必需微量元素，其中钙、铁、磷的含量在各类蔬菜中名列前五名，又以钙的含量最为丰富，对人体非常有益。

挑选方法 选购冬季包菜时，要选择拿起来沉甸甸且外包叶湿润有水分的；选购春季包菜时，要挑选菜球圆滚滚且有光泽的。选购切成两半的包菜时，要挑选切面卷叶形状明显的。

准备工作 剥包菜时，先将菜根切去，再一张一张剥下来，不要使用包菜最外面的包叶，菜叶要用流水冲洗干净。切包菜时不要顺着叶脉方向切，要与叶脉成直角方向切。用包菜做宝宝的断乳食物时，要将菜心及周围的坚硬部分挖去，去除外包叶，将菜叶剥下来使用，最好将菜叶上的主叶脉也切去，这样才能做出软嫩的宝宝断乳食物，并有利于宝宝食用和消化。

保存方法 外包叶可以保护内叶不受损伤，所以不要摘掉外包叶。将包菜用保鲜膜或报纸包好放入塑料袋中，在冰箱冷藏或放入储藏室保存。

茄子

茄子营养价值极高，包含维生素A、B族维生素、维生素C、磷、钙、镁、钾、铁及铜等营养素。茄子的含水量极高，有90%都是水分，富含膳食纤维，其紫色外皮更含有多酚类化合物以及花青素。花青素拥有超强的抗氧化能力，能稳定细胞膜构造，可保护动、静脉内皮细胞免受自由基的破坏。

挑选方法 挑选茄子时，外皮以亮紫色为首选，果形必需完整有光泽且没有损伤，白色果肉饱满、有弹性，而且蒂头包荚没有分叉，这样的茄子不仅较新鲜，口感也较嫩。若是选择尾部膨大的茄子，口感通常会较老。

准备工作 茄子清洗时，必须置放在流动的小水流下，用软毛刷轻轻刷洗，将表面的尘土、脏污刷除后，再用小水流冲洗干净。茄子的外皮蕴含丰富的花青素及营养，刷洗时需控制力道，以免破坏茄子的营养。

保存方法 茄子表皮覆盖着一层蜡质，不仅使茄子发出光泽，还具备保护茄子的作用，一旦蜡质层被损害，便容易腐坏变质。若不是立即食用，不要用水刷洗，置放在阴凉通风处，不要遭受碰撞，可保存2到3天。

part 1

西红柿

西红柿营养价值高，富含果糖、葡萄糖、柠檬酸、苹果酸、茄红素、维生素B_1、B_2、C和钙、磷、铁等多种营养素，对人体十分有益。茄红素是西红柿呈现红色的主要原因，同时也是重要的抗氧化物，能够消除体内自由基，预防细胞受损，保护心血管系统。

挑选方法 西红柿依大小不同挑选方法各异，大型西红柿以果形丰圆、果色绿，但果肩青色、果顶已变红者为佳；中小型西红柿以果形丰圆，果色鲜红者为佳，越红则代表茄红素含量越多。利用手指触摸西红柿的果实硬度，若用压伤或撞伤会有局部变软、破裂的情况，容易散发酸臭味。好的西红柿果实饱满，果肉结实无空心，色泽均匀无裂痕或病斑，熟度适中且硬度高。

准备工作 用流动小水流仔细清洗，一般人习惯边洗边去蒂头，这是错误的。正确方式为应先清洗完毕再去蒂头，以免污水从缝隙处渗入污染果肉组织，危害人体健康。

保存方法 购买回家后可直接放入冰箱冷藏。不过，为避免西红柿挤压造成腐烂，放置时请不要将西红柿紧靠在一块。

玉米

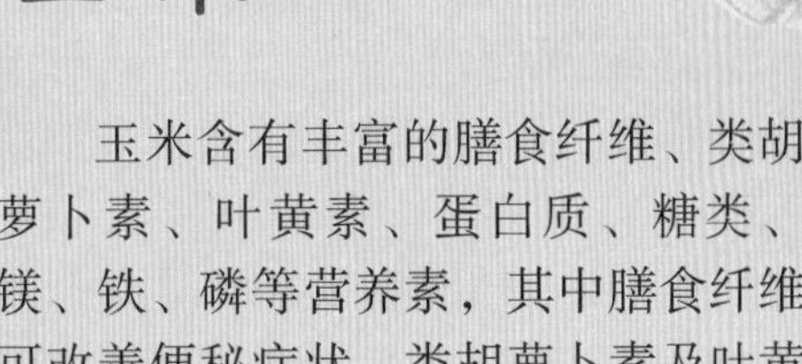

玉米含有丰富的膳食纤维、类胡萝卜素、叶黄素、蛋白质、糖类、镁、铁、磷等营养素，其中膳食纤维可改善便秘症状，类胡萝卜素及叶黄素则能预防白内障。

挑选方法 挑选玉米可由外观着手，外叶以颜色翠绿者为佳，代表玉米较新鲜，外叶枯黄则表示玉米过熟，颗粒无水分，鲜度尽失。选购时还需避开有水伤及凹米状况的玉米，若嗅起来有酸味，便代表玉米受到水伤，很可能已经遍布霉菌。

准备工作 清洗玉米可掌握三大步骤：第一，用刷子干刷去玉米叶上的灰尘；第二，剥除玉米叶，并记得在接触玉米粒之前，把摸过玉米叶的双手清洗干净；第三，利用流动小水流及软毛刷，仔细刷洗玉米的间隙。

保存方法 玉米买回来后，最好当天食用完毕，否则容易丧失水分及鲜度。若需存放，建议剥去玉米叶及玉米须，不用经过清洗，直接放在塑料袋中再进冰箱冷藏，这样可减缓水分流失的速度，但保存时间仍以一周为限。若是放在室温下存放，不宜超过2天，并应避开堆积及日晒，以免加速玉米的损伤。

胡萝卜

胡萝卜富含β-胡萝卜素，可在体内转化为维生素A，若是经常食用，可发挥保护皮肤和细胞黏膜、提高身体抵抗力的作用。胡萝卜在日本被称作“东方小人参”，含有蛋白质，脂肪，糖类，维生素B_1、B_2、B_6、C，以及钙、磷、铁、钾和钠等营养素。

挑选方法

胡萝卜以内芯剖面细、深橘色、须根少为佳。若是碰到已切除叶子的胡萝卜，需挑选剖面细的内芯，口感较好；胡萝卜呈现橘色是受到β-胡萝卜素的影响，越是深橘色，甜度越高；而须根较少的胡萝卜则表示生长状况较佳，有获得一定的营养。

准备工作

胡萝卜购买回家后，表面常带有土壤，若非立即食用，不要用水清洗。食用前先干刷掉土壤，再用刷子在流动小水流下刷洗干净，去除蒂头与外皮后便可直接烹煮。

保存方法

买到带叶的胡萝卜，要把叶子立即切下，防止养分从根部被叶子吸取走，而新鲜的胡萝卜叶可使用在很多其他菜品上。胡萝卜切开后，切口容易蒸发水分，若是直接放置在冰箱，往往因缺水而变干、弯曲，因此必须用保鲜膜包好后放在冰箱冷藏，最多不可超过3天。

南瓜

南瓜蕴含维生素A、B族维生素、维生素C及磷、钙、镁、锌、钾等多种营养素，其颜色越黄，甜度越高，β-胡萝卜素含量也越丰富。南瓜所含的类胡萝卜素加入油脂烹煮，不仅不会被破坏，还有助人体的吸收。

挑选方法

选购南瓜应挑选外皮无损伤与虫害，并均匀地覆有果粉，且拥有坚硬外皮、果蒂较干燥的。外形完整的南瓜，没有遭遇摔伤及虫咬，果肉不易变质腐坏；表皮均匀覆有果粉的南瓜则较为新鲜；南瓜熟度越高，果肉越清甜；与一般蔬果选购时不同，不以绿色蒂头为优，枯黄干燥的蒂头代表存放时间较久，口感也越好。

准备工作

不要立即食用新采摘、未削皮的南瓜，由于农药在空气中经过一段时间可分解为对人体无害的物质，因此，易于保存的南瓜可存放1至2周来去除残留农药。

保存方法

没有切开的完整南瓜，可在室内阴凉处存放半个月，冰箱冷藏则可以保存1到2个月。新鲜南瓜购买回来后，可以找合适地点存放1至2周，风味更佳。已经切开的南瓜，保存时要将瓤籽挖除，用保鲜膜包好，存放在冷藏室中，最多可放置一周。

菠菜

菠菜拥有丰富的营养成分，既含有可在体内转化为维生素A的β-胡萝卜素，又富含维生素B_1、B_2、C，蛋白质，以及铁、钾、钙等，对人体十分有益。菠菜富含膳食纤维，可以帮助肠胃蠕动；所含叶酸更具有改善贫血的效果。

挑选方法 菠菜是冬季岁末的时令蔬菜，在秋冬季节营养价值最高。根部干净呈红色，没有枯叶且叶端展开的才是新鲜的菠菜，其菜叶越鲜嫩，入口的涩味就越淡。做宝宝断乳食使用的菠菜，建议以嫩叶为主。

准备工作 菠菜中含有草酸，这种物质不但会令菠菜发涩，还会阻碍钙的吸收，因此必须先煮熟。为方便导热，可在菠菜根部划上十字，从根部开始淋开水烫熟，用于断乳食的菠菜要烫更久一些。烫过的菠菜再用流水冲洗，去掉涩味，然后挤干水分再用。

保存方法 可用湿报纸包好后冷藏保存菠菜，保存时要将根部往下竖立。长期存放会使菠菜中的维生素C流失，导致菠菜营养价值降低，因此建议购买后尽快食用。煮熟的菠菜可冷冻保存，这样可以减少营养成分的流失，建议购买后立即烫熟并冷冻起来。

上海青

上海青除含有深绿蔬菜特有的维生素C、β-胡萝卜素与叶酸等，还含有丰富的钙及硫化物。100克的上海青含有101毫克的钙，算是钙量较高的蔬菜。除此之外，上海青草酸含量低，可避免与钙结合排出体外，人体吸收率相对较高。上海青的营养素常因过度烹煮而流失，应避免长时间水煮，如此更有助于叶酸的释放与吸收。

挑选方法 挑选上海青要以植株挺实为主，除新鲜之外，口感也较为脆甜；另外，接近根部的茎要宽大，不仅滋味较浓郁，保水度也很够；叶面需呈翠绿色，若发黄、枯萎则代表放置过久；茎不可有断裂现象，若出现断裂现象，很可能是遭受过挤压或撞击。

准备工作 上海青有时会产生农药及泥沙残留较多的疑虑，因此清洗时最好先去除腐叶，并切除近根部1厘米，再一叶叶拨开，用流动小水流清洗干净，并用手轻轻推洗茎叶部分，最后使用适当的水柱力量冲洗上海青根茎部，再将根部的脏污用刀子削除。

保存方法 将每次需用的上海青分量用厨房纸巾包住，再放入大型密封袋里，密封后放进冰箱保存。

part 2

孕期一、二月

精选食谱&阳光“孕”动

终于顺利迎接宝宝的到来了！怀孕一、二月的孕妈妈要特别注意叶酸、维生素B_6与C的补充，叶酸可减少胎儿神经系统及大脑产生缺陷的几率，维生素B_6与C则可以缓解孕吐、避免牙龈出血。孕期一、二月的专属阳光“孕”动让孕妈妈活力满满！

1月 孕期所需营养：叶酸

叶酸对人体十分重要，不仅是体内DNA合成的重要推手之一，更是红细胞的制造来源。对孕妈妈来说，怀孕初期应摄取足够的叶酸，否则对母体与胎儿都会产生不好的影响。

孕妈妈相较一般人更需要叶酸，缺乏时可能产生疲惫、头晕、呼吸不顺畅等现象，甚至会增加孕妈妈发生贫血的可能性，严重还会造成早产与流产。怀孕前四周应补足叶酸，不仅可减少胎儿神经系统及大脑产生缺陷的几率，对母体在孕期中子宫、胎盘内的细胞增生也很有帮助。

胎儿若无法从母体摄取足够的叶酸，会对其发育造成不良影响，很可能在神经系统与大脑的建构过程中产生缺陷，变成脊柱裂、水脑症及无脑儿等先天畸形。

孕妈妈摄取足够叶酸，最好的方式是从均衡饮食中获得。部分孕妈妈会自行补充高剂量的叶酸，这是相当危险的，补充高剂量叶酸需取得医生同意，否则很可能超过人体所需，反而造成反效果。

孕妈妈若摄取过多叶酸，可能出现恶性贫血的症状，造成医生误判，还会使身体无法反应维生素B_{12}的缺乏，因此必须非常小心。

2月 孕期所需营养：维生素B_6、C

孕期迈入第5周，孕妈妈需补充足够的维生素B_6与C，不仅可以缓解孕吐及避免牙龈出血，对于母体本身及胎儿也有好处。

很多孕妈妈在怀孕初期都有孕吐的困扰，这时医生除建议多休息及调节饮食，处方经常会开出维生素B_6来帮助孕妈妈减缓孕吐的症状。维生素B_6对人体十分重要，主要担任酵素辅酶的角色，参与蛋白质、氨基酸的代谢，进而维护神经与内分泌系统，达到调节全身机能的作用。

维生素C为水溶性维生素，很轻易便会从体内流失，孕妈妈必需从饮食中努力摄取。维生素C不仅可以加速凝血，还可以帮助合成胶原蛋白，并参与氨基酸代谢。

很多孕妈妈刷牙时会有牙龈出血的困扰，这个时期应适量从饮食中补充维生素C，不但出血症状可以缓解，还可以提升抵抗力，甚至能够预防胎儿先天畸形。

维生素B_6与C对人体虽然很重要，但孕妈妈切勿自行补充高单位锭剂，否则会对身体造成负担。孕妈妈长时间维生素B_6摄取过量，胎儿容易产生依赖，宝宝出生后容易不安、哭闹及受惊，甚至可能出现智力偏低的症状；维生素C摄取过少，则会影响胎儿发育，甚至发生败血症。

白菜烩蘑菇

材料（一人份）

白菜200克
蘑菇80克
食用油5毫升
盐5克
酱油5毫升
葱花10克
姜末10克
蒜末10克
米酒5毫升

做法

1 将白菜清洗干净后，切成片状；蘑菇洗净后，切成四半。

2 先热锅，倒入食用油，放入葱花、姜末和蒜末拌炒爆香，接着加入白菜，炒到七分熟。

3 加入蘑菇翻炒，再加入酱油、米酒，大火炒匀，最后加入盐拌匀即可。

营养小叮咛

白菜有丰富的维生素及钙、磷、钠、铁等成分，具有极高的营养价值，可美化肌肤，强壮骨骼与牙齿，健全细胞组织，且可促进肠胃蠕动。孕妈妈若有便秘问题，适量食用白菜，可有效改善症状。

菠菜蛤蜊粥 叶酸

材料（一人份）

白饭150克　蛤蜊肉70克　菠菜160克　葱10克　姜末10克　蒜末10克　米酒5毫升　芝麻油5毫升　盐5克

扫一扫，轻松学

做法

1. 菠菜挑拣清洗后，切小段；蛤蜊肉洗净后，沥干；葱洗净，切成葱花。
2. 热锅中放入芝麻油，小火爆香姜末、蒜末，放入蛤蜊肉、米酒拌炒。
3. 加入白饭、适量的水，煮成白粥后放入菠菜，并加盐调味，煮熟后淋上芝麻油、撒上葱花即可。

蚝油鸡柳

材料（一人份）

鸡胸肉350克　木耳片40克　黄椒丝50克　秋葵50克　姜末30克　蒜末30克　白糖2克　盐15克　食用油15毫升　生粉15克　米酒10毫升　蚝油30克

做法

1. 秋葵洗净，去头；鸡胸肉切条状，加入5克盐、米酒、姜末、蒜末拌匀，再加入生粉和5毫升油，腌渍一会。
2. 沸水中加入5克盐，放入木耳片、秋葵、黄椒丝焯水，捞出备用。
3. 起油锅，放入鸡胸肉煎炒，炒熟后推到锅边，爆香姜末、蒜末，再加入焯过水的食材、白糖、蚝油、盐与少量的水，翻炒至汤汁收干即可。

五彩干贝

材料（一人份）

西芹100克　山药100克　红椒50克　南瓜80克　干贝40克　米酒5毫升　蚝油15克　白糖2克　盐10克　食用油15毫升　水淀粉15毫升

做法

1. 干贝浸泡后，加入米酒，放入蒸锅蒸30分钟，取出备用。
2. 西芹洗净，切丁；南瓜洗净、去皮和籽，切丁；山药洗净、去皮，切丁；红椒洗净、去籽和白膜，切丁；起水锅，沸水中加入少许盐，依序焯烫全部蔬菜。
3. 起油锅，将所有蔬菜、干贝以及蚝油、盐、白糖炒匀，最后淋上水淀粉勾芡即可。

蔬菜玉米饼

材料（一人份）

玉米1根　鸡蛋1个　面粉300克　韭菜段40克
胡萝卜丝40克　食用油15毫升　葱段40克
盐10克

做法

1 玉米加水煮熟，捞出、放凉后，掰下玉米粒，备用。

2 取一碗，放入面粉，加入温水、鸡蛋调成面糊，接着放入韭菜段、葱段、胡萝卜丝、玉米粒、盐，搅拌均匀。

3 平底锅倒油烧热，将面糊舀出平摊到锅中，小火煎至两面金黄即可。

荷兰芹炒饭

叶酸

材料（一人份）

米饭200克　奶油15克　荷兰芹20克　盐5克

做法

1 将荷兰芹洗净，放入沸水中焯烫30秒，立即捞起过凉水，再将芹叶和茎的部分用刀尖来回剁碎。

2 在烧热的平底锅里，放入奶油，待其开始融化之后，倒入米饭，并反复翻炒至米饭干爽，最后加入盐、荷兰芹碎末炒匀。

小米红枣粥

材料（一人份）

小米30克　红枣3个　冰糖10克

做法

1 红枣去核、洗净，泡入清水；小米淘净后浸泡1小时。

2 取汤锅，放入5倍于小米的水烧热，待沸腾后，放入冰糖、红枣、小米再次熬煮至沸腾，盖上盖，焖煮20分钟即可。

豌豆粥

叶酸

材料（一人份）

豌豆50克　大米50克　糖桂花10克
鸡蛋1个

做法

1 鸡蛋打散成蛋液备用。

2 豌豆和大米洗净后放入锅内，加入适量的水，用大火煮沸。

3 捞出浮沫后，转用小火煮至豌豆酥烂。

4 淋入鸡蛋液稍煮一会，最后撒入糖桂花即可。

菠菜粥

叶酸

材料（一人份）

菠菜50克　白米饭150克　盐5克

做法

1 菠菜洗净，切段。

2 将白米饭放入沸水中，加入盐拌匀。

3 待粥煮沸后，加入菠菜煮熟即可。

素炒豆苗

材料（一人份）

豆苗300克　白糖2克　食用油适量
姜末10克　米酒5毫升　盐5克

做法

1 将豆苗洗净，捞出沥干水分，备用。

2 油锅烧热，放入姜末爆香，再加入豆苗，大火迅速翻炒至豆苗变软。

3 接着放入20毫升清水，再加入米酒，稍稍炝一下锅，去除豆苗的生味。

4 再加入盐和白糖调味，均匀翻炒至熟即可。

扫一扫，轻松学

双色花椰菜

材料（一人份）

西蓝花150克　花菜100克　蒜末5克
盐5克　食用油5毫升　水淀粉10毫升

做法

1 将西蓝花和花菜洗净，除去粗纤维后掰成小朵，备用。

2 将西蓝花和花菜放入水中浸泡后，放入添加少许盐的沸水中焯烫，捞出待凉备用。

3 锅中倒入食用油烧热，放入蒜末爆香后，再放入西蓝花和花菜翻炒熟。

4 最后加盐调味，用水淀粉勾芡即可。

凉拌菠菜

材料（一人份）

菠菜250克　蒜末10克　干红辣椒段5克
芝麻油5毫升　醋5毫升　盐5克
食用油5毫升

做法

1 将菠菜洗净后切段，放入热水中焯烫20秒，立即捞入凉水中降温，接着用手将菠菜稍微拧干，备用。

2 锅中倒入食用油烧热，爆香干红辣椒段，做成红辣椒油。

3 将蒜末、干红辣椒油、醋、盐与菠菜搅拌均匀，最后淋上芝麻油拌匀即可。

青椒牛肉丝 维生素C

材料（一人份）

牛肉80克　青椒40克　酱油10毫升　生粉5克
蒜末5克　米酒5毫升　芝麻油5毫升　盐5克

做法

1 牛肉洗净后，横纹切成丝，加入酱油、米酒、蒜末和生粉拌匀，再加入芝麻油拌匀，腌渍20分钟。

2 青椒洗净，切成细条备用。

3 起油锅，放入牛肉丝拌炒，约七分熟时捞起。

4 原锅中，加入青椒拌炒至稍微出水，再放入牛肉丝拌炒至全熟，最后加入盐稍微调味即可。

鸡丝烩菠菜 叶酸

材料（一人份）

鸡胸肉100克　菠菜150克　水发粉丝50克　虾米15克　蒜片10克　枸杞3克　盐5克　食用油5毫升　芝麻酱5克

做法

1 鸡胸肉切成细条；波菜切段备用。

2 虾米用热开水泡透。

3 锅内加油烧热，放入蒜片、虾米与鸡丝炒香；倒入适量水后，再放入枸杞煮滚；最后放入菠菜、粉丝、盐、芝麻酱煮透即可。

猪肉丝上海青 叶酸

材料（一人份）

猪瘦肉30克　上海青150克　蒜瓣2瓣
食用油5毫升　盐5克　酱油5毫升

做法

1 猪瘦肉切成条状，加入酱油，腌渍15分钟。

2 上海青洗净后，切成适当的大小；蒜瓣切末或拍碎。

3 热锅，放入食用油烧热，放入蒜末爆香，再放入猪肉丝拌炒。

4 待猪肉颜色转白后，放入上海青，加入一点水和盐，拌炒至上海青熟透即可。

韭菜粥

材料（一人份）

韭菜50克　白米100克　盐5克

做法

1 韭菜洗净，切碎备用。
2 白米洗净，放入锅内后加入适量的水，用大火煮沸。
3 加入韭菜段，转小火熬煮至米粒酥烂。
4 最后加入盐调味即可。

青椒里脊片

材料（一人份）

里脊肉300克　青椒150克　酱油10毫升
米酒5毫升　生粉5克　食用油5毫升
葱花10克　姜丝10克　盐5克

做法

1 将青椒洗净，去蒂和籽，切斜片备用。
2 里脊肉洗净后切片，加入酱油、米酒、生粉，拌匀后腌渍30分钟。
3 起油锅，放入姜丝爆香。
4 接着放入里脊肉片，炒至八分熟，再加入青椒片翻炒。
5 最后加入盐及葱花，翻炒至里脊肉全熟即完成。

葱油虾仁面

叶酸

材料（一人份）

粗面150克　虾仁70克　葱花15克　食用油10毫升　盐10克　酱油30毫升　白糖10克

扫一扫，轻松学

做法

1 虾仁去肠泥后洗净；面条加盐汆烫备用。

2 起油锅，放入10克葱花爆香，加入虾仁翻炒，倒入盐、酱油、白糖炒匀。

3 放入面条拌炒2分钟，起锅前撒上5克葱花即可。

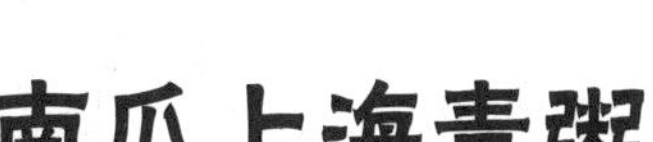

南瓜上海青粥

材料（一人份）

白米粥150克　南瓜60克　上海青2棵　盐5克

做法

1 南瓜去皮和瓤，洗净后切成小丁；上海青洗净，切小段，备用。

2 锅中放入白米粥、南瓜丁、上海青，加入50毫升热水一起熬煮。

3 待煮至南瓜丁软烂熟透后，加盐调味即可。

什锦烩豆腐

维生素C

材料（一人份）

豆腐150克　豆芽菜45克　胡萝卜45克　香菇25克　青椒15克　食用油适量　酱油15毫升　水淀粉15毫升　胡椒粉5克　芝麻油5毫升　米酒5毫升　葱花5克

做法

1 胡萝卜洗净、去皮，切片；香菇洗净、切片，香菇蒂头切斜刀；青椒洗净，切成青椒圈。

2 豆腐洗净，切块后放入油锅中稍微煎至金黄，再加入香菇、胡萝卜、豆芽菜和酱油，翻炒后加入少许水焖一下。

3 放入青椒、水淀粉、胡椒粉、米酒，翻炒匀。

4 最后撒入葱花，淋上芝麻油即可。

胡萝卜粥

维生素B6

材料（一人份）

胡萝卜150克　白饭150克
食用油5毫升　盐5克

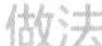

扫一扫，轻松学

做法

1 胡萝卜洗净，切小丁。

2 起油锅，将胡萝卜炒出香味后，放入白饭及400毫升水一起熬煮。

3 待胡萝卜粥熬煮成稠状，加入盐搅拌均匀，再熬煮5分钟即可关火盛盘。

香葱豆腐

维生素B6

材料（一人份）

红椒块40克　蛋豆腐100克　葱段10克　香菜10克　蚝油15克　酱油15毫升　白糖2克
水淀粉5毫升　食用油适量

做法

1 蛋豆腐切正方形小块，再放入热油锅中，炸至表面酥黄，捞出备用。

2 起油锅，爆香葱段，转小火，加入蚝油、白糖、酱油和豆腐拌炒一下，加入少量清水煨煮一会，再下红椒块。

3 稍微翻炒，再用水淀粉勾芡、撒上香菜即可盛盘。

芥菜干贝汤

叶酸

材料（一人份）

芥菜250克　干贝10克　米酒5毫升　鸡汤200毫升
芝麻油5毫升　盐5克　葱花5克　姜丝10克
蒜泥10克

做法

1 将芥菜洗净，去蒂头，切段。

2 干贝稍微冲洗后，放入30毫升的水里，加入米酒后浸泡30分钟，备用。

3 起油锅，爆香姜丝、蒜泥，接着放入芥菜、干贝翻炒。

4 加入鸡汤、盐、泡干贝的水，煮滚即可。

5 起锅前，淋上芝麻油、撒上葱花即可。

清炒胡萝卜

材料（一人份）

胡萝卜100克　食用油5毫升　盐5克
香菜段10克　葱丝10克　芝麻油5毫升

做法

1 将胡萝卜洗净、去皮，切片。

2 取一锅，将胡萝卜片放入沸水中，焯烫后捞出沥干备用。

3 炒锅中倒入食用油，烧热后放入葱丝爆香，接着放入胡萝卜片，炒至八分熟时加入盐，转大火翻炒到胡萝卜全熟。

4 淋上芝麻油，放入香菜段即可起锅。

花椰菜肉饼

材料（一人份）

西蓝花100克　猪瘦肉馅200克
盐5克　面包粉适量　鸡蛋2个
酱油10毫升　芝麻油5毫升　胡椒粉10克

做法

1 西蓝花掰成小朵后洗净，放入加盐的沸水中汆烫，捞出冲凉后剁碎。

2 将碎西蓝花与猪瘦肉馅搅拌均匀，再加入鸡蛋、酱油、芝麻油、胡椒粉拌匀。

3 肉馅揉成圆饼状，双面沾上面包粉。

4 将肉饼置入160℃的烤箱中，烤20分钟即可。

西红柿牛肉汤

材料（一人份）

西红柿100克　牛腱肉150克　生姜3~4片　米酒5毫升　盐5克

做法

1 将牛腱肉切块，和生姜片一同放入滚水中，汆烫去血水。

2 西红柿清洗干净后，切成适当大小。

3 处理好的牛腱肉和西红柿放入锅中，加入200毫升水和米酒，捞除表面浮沫。

4 开中火，煮滚后再用小火炖煮1~2小时，等牛腱肉软嫩后，加入盐，稍煮片刻即可。

肉末菜粥

材料（一人份）

白米粥150克　猪肉丝20克　上海青50克　葱末10克　姜末10克　盐5克

做法

1 上海青洗净，切碎；猪肉丝剁成肉末。

2 取一锅，倒入白米粥，再加入适量清水拌匀，熬煮。

3 将姜末、葱末、肉末和上海青一同放入粥内，加盐调味后，煮至沸腾即可。

香菇上海青汤

叶酸

材料（一人份）

上海青5棵　鲜香菇4朵　盐5克
食用油适量　芝麻油5毫升

做法

1 将上海青洗净后去蒂头，切段备用。

2 香菇洗净，每朵一开四后备用。

3 热油锅，先放入香菇和上海青煸炒，接着加入盐和200毫升热水，转大火煮3分钟。

4 最后淋上芝麻油即可起锅。

扫一扫，轻松学

上汤浸菠菜

叶酸

材料（一人份）

菠菜200克　胡萝卜25克　草菇20克　枸杞15克　皮蛋1/2个　姜片2片　盐5克　芝麻油5毫升　食用油5毫升

做法

1 菠菜洗净后去头、切段，放进沸水中焯烫30秒，捞出沥水，装入盘中。

2 胡萝卜洗净、去皮，切片；草菇洗净，对切；皮蛋切小块，备用。

3 热油锅，放入姜片、胡萝卜、草菇、皮蛋和盐，拌炒至胡萝卜软化，加入适量水和枸杞，接着淋上芝麻油。

4 起锅，将之浇在菠菜上即可。

奶油烧西蓝花

维生素C

材料（一人份）

西蓝花150克　奶油适量　牛奶100毫升
盐10克　蒜末5克　水淀粉5毫升

做法

1 西蓝花除去外圈过粗的纤维后，掰成小朵。

2 沸水加5克盐，放入西蓝花烫2分钟后，捞出沥干备用。

3 起油锅烧热，放入奶油融化，先爆香蒜末，接着放入西蓝花拌炒。

4 加入盐跟牛奶，待稍微沸腾时，再用水淀粉勾芡即可。

西蓝花炖饭

维生素C

材料（一人份）

白饭150克　西蓝花50克　牛奶40毫升
盐适量

做法

1 西蓝花洗净后，切小朵备用。

2 烧一锅滚水，加少许盐，放入西蓝花焯烫至软嫩后，捞起备用。

3 在锅里放入白饭，倒入水，用大火煮开后转小火，一边煮一边搅拌，待水分所剩无几时，倒入牛奶持续搅拌至汤汁收干，再加入西蓝花搅拌均匀，最后加盐调味即可。

鲜滑鱼片粥

维生素B_6

材料（一人份）

白米100克　草鱼肉100克　猪骨200克　豆皮40克　姜丝10克　葱花10克　盐10克　米酒5毫升　芝麻油5毫升

做法

1 猪骨洗净，敲碎；豆皮用温水泡软；白米洗净后，用水泡开；草鱼肉洗净，斜切成大片，加入米酒，腌渍5分钟至入味。

2 取砂锅，放入所有材料熬煮熟透，挑出猪骨，再放入盐拌匀，起锅前淋上芝麻油即可。

金针芦笋鸡丝汤

维生素B_6

材料（一人份）

鸡胸肉100克　芦笋100克　金针菇20克　蛋白1个　盐5克　白胡椒粉5克　生粉5克

做法

1 芦笋洗净、沥干，切段；金针菇洗净，沥干；鸡胸肉洗净，切丝。

2 鸡肉丝加入白胡椒粉、蛋白、生粉拌匀，腌渍20分钟入味。

3 锅中放入清水，加入鸡胸肉、芦笋、金针菇同煮，待煮滚后加盐调味即可。

红烧黄鱼

材料（一人份）

黄鱼1条　白糖5克　酱油5毫升　盐5克　米酒5毫升　葱末10克　姜末10克　蒜末10克　醋5毫升　生粉5克　高汤5毫升　水淀粉5毫升　食用油5毫升

做法

1 将黄鱼洗净、处理好，在鱼身两面划上花纹，两面抹上少许米酒及盐，腌渍片刻，再抹一层生粉。

2 将白糖、酱油、米酒、醋、盐、高汤、水淀粉调成芡汁备用。

3 锅中加油烧热，放入黄鱼煎至金黄色。

4 倒入芡汁，烹煮至入味后，捞出摆盘，最后撒上葱末、姜末、蒜末即可。

黄芪红枣鲈鱼

材料（一人份）

鲈鱼1条　黄芪25克　红枣4颗　姜片3片　料酒10毫升　盐10克

做法

1 将鲈鱼去鳞及内脏，接着洗净、抹干。

2 黄芪洗净；红枣洗净、去核后泡水30分钟，备用。

3 将鲈鱼、黄芪、红枣、姜片与料酒一同放入炖盅内，倒入200毫升水，隔水开中小火，慢炖1小时。

4 开盖后加盐调味即可。

黄瓜拌凉粉

材料（一人份）

凉粉200克　黄瓜50克　大蒜2瓣　芝麻酱10克
芝麻油5毫升　酱油10毫升

做法

1 将凉粉洗净，过水汆烫后取出放凉，切细丝；黄瓜洗净，切丝；芝麻酱加10毫升温水调成芝麻酱糊；蒜瓣洗净，捣成泥备用。

2 将黄瓜丝与凉粉丝一起放入盘中，放入调好的芝麻酱糊、蒜泥及酱油。

3 最后淋上芝麻油拌匀即可。

酱爆黄瓜

材料（一人份）

黄瓜丁300克　白糖2克　葱末10克
姜末10克　蒜末10克　盐5克
食用油适量　豆瓣酱10克
米酒2毫升　鸡粉2克　水淀粉5毫升

做法

1 锅中倒入食用油烧热，放入葱末、姜末、蒜末爆炒，放入豆瓣酱，炒出酱香味。

2 放入黄瓜丁煸炒几下，加入盐、米酒、白糖、鸡粉、少许清水煮沸，最后用水淀粉勾芡即可。

什锦鸡丁

材料（一人份）

鸡肉150克　玉米粒75克　豌豆70克　胡萝卜50克
蒜蓉10克　食用油10克　盐5克　米酒5克
酱油10毫升　水淀粉5毫升　胡椒粉5克

做法

1 鸡肉切成适当大小，加入酱油、米酒与胡椒粉，腌渍15分钟。

2 豌豆洗净后焯烫；胡萝卜去皮，切小丁。

3 热油锅，爆香蒜蓉后，放入鸡丁拌炒至变白，放入胡萝卜炒至略为收汁，再放入豌豆与玉米粒拌炒，最后下盐、水淀粉，拌匀即可。

青柠鳕鱼

材料（一人份）

鳕鱼肉1块　柠檬1片　蛋白1个
盐10克　生粉10克　黑胡椒5克
食用油5毫升

做法

1. 将鳕鱼洗净，加入盐，腌渍片刻。
2. 挤出柠檬汁淋在鱼上，接着在鱼身上均匀抹上蛋白、黑胡椒和一层生粉。
3. 取一锅，倒入油烧热后，放入鳕鱼肉块，煎至两面金黄，待鱼肉熟透即可出锅装盘。
4. 也可视个人口味再淋上柠檬汁。

烤三文鱼

材料（一人份）

三文鱼切片1片　罗勒30克　柠檬1片
盐10克　料酒5毫升　黑胡椒粒10克

做法

1. 三文鱼切片洗净，均匀抹上盐、料酒及黑胡椒粒，入油锅煎至两面泛白，盛盘。
2. 罗勒洗净，剁碎，将其平铺在鱼身上，再在鱼身上撒些黑胡椒粒及盐。
3. 将鱼放入180℃的烤箱烤15分钟，烤至表面呈金黄色，且鱼肉熟透。
4. 食用时，挤上柠檬汁即可。

西红柿炒豆腐

材料（一人份）

豆腐200克　猪肉末50克　西红柿30克　盐5克
白糖5克　番茄酱5克　葱末10克　姜末10克
食用油5毫升

做法

1 将豆腐、西红柿切成小块。
2 锅内加食用油烧热，下葱末、姜末、猪肉末炒匀，再放入豆腐、西红柿同炒。
3 最后加入番茄酱、盐及白糖调味即可起锅。

西红柿培根蘑菇汤

维生素B6

材料（一人份）

西红柿100克　培根45克　紫菜3克
奶油10克　面粉15克　牛奶200毫升
鲜蘑菇50克

做法

1 将培根略煎，切碎；西红柿去皮后搅成泥，与培根碎拌成西红柿培根酱。
2 鲜蘑菇洗净，切片；紫菜切成细丝。
3 锅中放入奶油，融化后加入面粉炒匀至有香气；放入鲜蘑菇、牛奶和西红柿培根酱，再加水调成适当的浓度，撒上紫菜丝即可。

白菜牛奶汤

材料（一人份）

白菜250克　枸杞3克　香菇20克　牛奶100克
盐5克

做法

1 白菜洗净后，切成适当大小。
2 枸杞与香菇洗干净备用。
3 取一深锅，放入白菜和香菇，再加入不淹过白菜量的清水；开小火煮至微滚，再加入牛奶。
4 煮至白菜变软，加入枸杞，再用盐提味即可。

胡萝卜炖牛腩

part 2

材料（一人份）

牛腩300克　胡萝卜100克　米酒15毫升
盐10克　姜片4片　葱5克　清汤800毫升

做法

1 将牛腩洗净、切块，过滚水氽烫后，捞出沥干；葱切段；胡萝卜洗净、去皮，切滚刀块备用。

2 将清汤倒入锅内加热，放入牛腩块、米酒、姜片、葱段煮沸。

3 盖上盖，用中火焖煮20分钟，再放入胡萝卜块，捞去浮渣，续煮1小时。

4 加入盐调味即可。

西红柿炖牛腩

材料（一人份）

牛腩250克　西红柿100克　洋葱50克
盐5克　奶油15克　米酒5毫升

做法

1 牛腩切小块，起一锅沸水，加入盐、米酒，放入牛肉块氽去血水，捞起备用。

2 西红柿、洋葱分别洗净后，切块。

3 起热锅，加入奶油，融化后放入洋葱炒香，至其呈透明状。

4 加入西红柿、500毫升热水，再加入牛腩，炖煮30分钟，最后加入盐即可。

白菜排骨汤 维生素B6

材料（一人份）

猪排骨300克　白菜100克
葱段10克　姜片4片　盐5克
米酒5毫升

扫一扫，轻松学

做法

1 将白菜洗净，切片；排骨洗净，剁成小块，汆烫后沥干备用。

2 砂锅中加入清水煮沸，接着放入白菜铺底，再放入排骨、葱段、姜片和米酒，用大火煮沸。

3 撇去浮沫，盖上锅盖，转中火焖20分钟，最后加盐调味即可。

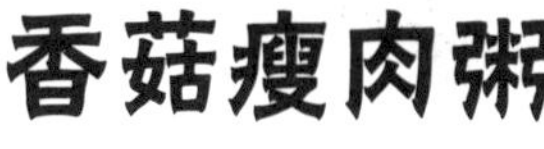

香菇瘦肉粥

材料（一人份）

白饭150克　猪绞肉200克　干香菇2朵　葱5克　香菜10克　芹菜10克　盐5克　白胡椒粉5克　芝麻油5毫升

做法

1 干香菇泡水，待软化后切薄片；葱洗净，切成葱花；芹菜洗净，切末备用。

2 猪绞肉中加入盐、芝麻油、白胡椒粉搅拌均匀，腌渍约20分钟。

3 将白饭加入滚水中煮至稠状，再加入猪绞肉、香菇及葱花，煮10分钟，起锅前加盐调味，并撒上香菜和芹菜末即可。

芋头粥 维生素B6

材料（一人份）

白饭150克　猪绞肉100克　芋头100克　干香菇2朵　红葱酥5克　芹菜适量　盐5克

做法

1 干香菇泡水，待软化后切薄片；芋头去皮，切小块；芹菜洗净，切末。

2 起油锅，爆香香菇，加入猪绞肉炒至变色，再放入芋头炒至其略微变色且飘出香气后，盛出备用。

3 烧一锅滚水，将炒过的食材放入锅中，用大火煮5至10分钟，待芋头熟透，放入白饭煮软，起锅前加盐调味；盛碗后加入红葱酥、芹菜末即可。

西红柿烧牛肉

材料（一人份）

牛腩260克　西红柿200克　酱油15毫升　白糖2克　盐15克　葱花20克　葱段10克　姜末10克　米酒5毫升　食用油5毫升

做法

1 将牛腩洗净、切方块，放入加有5克盐的沸水中汆烫去血水，再捞出备用；西红柿洗净，切大块备用。

2 热油锅，放入牛腩，用小火炖煮至五分熟，再放入葱段、姜末、酱油、米酒、白糖、盐和西红柿，略微拌炒；加入可淹过食材的水，待煮沸后转中火，焖煮至汤汁收干一半，最后加入葱花即可。

黄瓜肉片

维生素C

材料（一人份）

猪肉80克　小黄瓜1条　豆干1片　食用油5毫升　盐5克　酱油10毫升　米酒5毫升

做法

1 猪肉切薄片，加入酱油、米酒，腌渍15分钟。

2 小黄瓜洗净切丝；豆干横剖成两半，再切成细条备用。

3 热油锅，放入猪肉与豆干拌炒。

4 炒至猪肉半熟时加入小黄瓜，再加盐调味，肉片炒至全熟即可。

肉炒三丝

材料（一人份）

猪肉100克　胡萝卜50克　豆皮50克　水发香菇30克　葱花10克　姜末10克　盐5克　食用油10毫升

做法

1 胡萝卜、豆皮、水发香菇分别洗净，和猪肉均切丝后备用。

2 锅中倒油烧热，放入肉丝滑油，快速捞出。

3 锅中重新倒油烧热，放入葱花、姜末爆出香味，接着放入胡萝卜丝、豆皮丝、香菇丝大火翻炒至胡萝卜丝软化。

4 最后放入肉丝炒匀，加入盐调味即可。

肉末蒸蛋

材料（一人份）

猪绞肉50克　鸡蛋2个　香菜5克　盐5克
芝麻油5毫升

做法

1 鸡蛋打入碗中，加入与蛋液一样多的冷开水、盐，朝同一方向搅拌至匀；拿出细筛，将蛋汁重复过筛两次备用。

2 过筛完毕的蛋液中放入猪绞肉，拌匀后上锅，蒸15分钟。

3 出锅后，淋上芝麻油，撒上香菜即可。

肝烧菠菜

材料（一人份）

猪肝200克　菠菜200克　红薯粉50克
蒜末10克　食用油适量　米酒10毫升
白糖10克　酱油30毫升

做法

1 猪肝洗净、切片，加入酱油、米酒、白糖拌匀，再加入红薯粉沾匀，静置一会。

2 菠菜洗净，切成2指节的长段，快速焯烫后，捞出备用。

3 将猪肝放入热油锅中炸酥，捞出备用。

4 起油锅，爆香蒜末，接着放入菠菜和猪肝翻炒。

5 最后加入酱油、米酒、白糖，炒匀即可。

什锦海鲜面

叶酸

材料（一人份）

细面50克　鱿鱼半条　香菇2朵　虾仁50克　瘦肉15克　葱段10克　食用油10毫升　胡椒粉5克　米酒20毫升　芝麻油5毫升　盐15克

扫一扫，轻松学

做法

1 面条加5克盐汆烫备用；香菇切粗丝、蒂头切斜刀；鱿鱼切粗圈；瘦肉切片。

2 起油锅，放入葱段爆香，再放入香菇、瘦肉片、虾仁、鱿鱼拌炒3分钟。

3 放入米酒炝锅，加入面条、10克盐与500毫升水一起熬煮。

4 待面条入味后，撒上胡椒粉、芝麻油即可盛盘。

香菇鸡汤面

材料（一人份）

面条80克　鸡肉220克　新鲜香菇2朵　上海青15克　食用油5毫升　盐5克

做法

1 香菇洗净后一开四，和鸡肉均切成块状。

2 上海青洗净，一开四，焯烫后捞出备用。

3 热油锅，放入鸡肉，煎至表面微焦，接着下香菇、上海青，加盐炒匀。

4 炒至鸡肉八分熟后，加清水续煮成面汤。

5 另起一锅，将面条煮熟后盛入碗中，再把面汤倒在面条上即可。

紫菜蛋花汤

材料（一人份）

鸡蛋1个　虾皮5克　紫菜1/2张　盐5克　芝麻油5毫升

做法

1 将紫菜撕成片；鸡蛋打散成蛋液。

2 取汤锅，注入清水烧热，放入紫菜、盐、虾皮，用筷子拌开，再次煮滚。

3 将蛋液倒入，煮成蛋花。

4 出锅前，淋上芝麻油即可。

红烧牛肉面

材料（一人份）

细面100克　西红柿100克　牛腩300克　白萝卜140克　葱段20克　食用油30毫升　花椒5克　八角5克　冰糖20克　辣椒酱30克　酱油30毫升　姜丝适量　盐适量

扫一扫，轻松学

做法

1 牛腩切成2厘米的块；西红柿、白萝卜切块；姜拍裂；面条加盐汆烫后盛盘。

2 起锅滚水，加10克盐，再放入牛腩烫熟，捞起沥干备用。

3 另起油锅，放入花椒、八角爆香，再放入葱段、姜丝炒香，将牛腩放进锅中拌炒。

4 下辣椒酱、酱油与冰糖拌煮，上色后放入西红柿、白萝卜与800毫升水熬煮1.5小时，最后淋在面条上即可。

胡萝卜烧鸡

材料（一人份）

去骨鸡腿肉200克　胡萝卜170克　盐10克　米酒5毫升　豆瓣酱5克　葱末5克　姜末10克　水淀粉5毫升　食用油5毫升　酱油15毫升

做法

1 胡萝卜洗净、去皮，切滚刀块。

2 将鸡腿肉切成2厘米的小丁，加入酱油、盐和生粉拌匀，腌5分钟备用。

3 热油锅，将鸡肉煎至表面焦黄，再放入姜末一同炒香。

4 放入豆瓣酱、米酒、盐、胡萝卜及少量的水，煨煮5分钟，加入水淀粉勾芡，撒上葱末即可。

芪归炖鸡汤

材料（一人份）

鸡肉400克　黄芪15克　当归5克　枸杞5克　盐5克　胡椒粉5克　米酒15毫升

做法

1 鸡肉洗净、切块，放入热水中汆烫去血水。

2 黄芪、当归分别清洗干净，再与鸡肉一起放入砂锅中。

3 接着加入枸杞和米酒，盖上锅盖，小火炖煮45分钟，至鸡肉软熟。

4 最后加入盐和胡椒粉调味即可起锅。

鸡蓉玉米羹

材料（一人份）

鸡肉50克　鲜玉米粒100克　鸡蛋1个　盐5克
豌豆20克

做法

1 鸡肉洗净，切成和玉米粒大小相同的丁。
2 鸡蛋打成蛋液。
3 把鲜玉米粒、鸡肉丁、豌豆放入锅内，加入清水大火煮开，撇去浮沫。
4 将蛋液沿着锅边倒入，一边倒一边搅动；煮熟后放盐调味即可。

西红柿蒸蛋

材料（一人份）

西红柿100克　鸡蛋1个　葱花5克
盐5克　芝麻油5毫升

做法

1 西红柿去皮，切丁。
2 鸡蛋打散，加盐搅拌后，取筛网过滤两次，再加入适量温开水和西红柿丁拌匀。
3 放在锅上，用中火蒸；取出时，撒上葱花、淋上芝麻油即可。

香煎带鱼

材料（一人份）

白带鱼270克　上海青80克　盐10克
米酒10毫升　食用油15毫升

做法

1 白带鱼洗净，切段，加入米酒、盐腌渍。
2 将腌渍好的白带鱼放入油锅中，煎至金黄色，捞出沥油。
3 上海青洗净、对切，放入滚水中焯烫一会，取出铺盘。
4 将煎好的白带鱼放在上海青上即可。

韭菜虾仁

材料（一人份）

虾仁100克
嫩韭菜150克
盐5克
米酒5毫升
葱丝10克
姜丝10克
酱油10毫升
食用油5毫升
芝麻油5毫升
高汤10毫升

做法

1 将虾仁挑去肠泥后，洗净沥干；将韭菜挑洗干净，切段备用。

2 热油锅，先放入葱丝、姜丝炝锅，接着放入虾仁煸炒出香气。

3 加入米酒、酱油、盐、高汤，大略翻炒一下后，再放入韭菜段，转大火快炒2分钟。

4 最后淋入芝麻油，炒匀即可起锅。

营养小叮咛

韭菜含有丰富的胡萝卜素、维生素C及钙、磷、铁、膳食纤维等多种营养，可暖胃、改善贫血，促进骨骼、牙齿发育，帮助肠胃蠕动，促进消化与通便。

孕期一、二月阳光孕动

颈部运动

此练习可消除颈部和肩膀上部的紧张感，
减轻颈部疾病，缓解由于怀孕期身体变化而引起的肩颈酸痛现象。

1 挺直腰背，双腿自然盘起，双手放到膝盖上，掌心向上，食指和拇指相触。

2 呼气，头向后，下巴尽量上抬。吸气，头回正中。

3 呼气3～5次，低头放松后颈部。吸气，头回正中。上下重复此式。

4 呼气，头转向左边。吸气，头回正中。重复此式3～5次。

5 呼气，头转向右边。吸气，头回正中。重复此式3～5次。

安全提示

孕妇进行此练习时，应注意安全，双肩不必向上抬起，以保持呼吸顺畅。

肩颈运动

此练习可消除颈部和肩膀上部的紧张感，减轻颈部疾病。

1 挺直腰背，双腿自然散盘，双手放到膝盖上，掌心向上，食指和拇指相触。

2 吸气，抬起右手，与身体成45°角；呼气，头向左偏，左耳靠近左肩；再吸气，头回正中。重复此式3~5次后，呼气，放下手臂，头回正中，稍作休息。

3 吸气，抬起左手，与身体成45°角；呼气，头向右偏，右耳靠近右肩；吸气，头回正中。重复此式3 ~ 5 次后，呼气，放下手臂，头回正中，稍作休息。

安全提示

孕妇进行此练习时，应注意安全，双肩不必向上抬起，以保持呼吸顺畅。

脚踝活动

在怀孕期间，孕妇会出现双脚肿胀的现象。此练习可以伸展腿部肌肉，放松脚踝、膝盖和髋部，对缓解脚踝肿胀效果较好。

1 双腿伸直坐于垫子上，双手支撑于臀部后侧，上半身向后倾斜。吸气，双脚脚尖勾起，同时膝盖用力向下压。

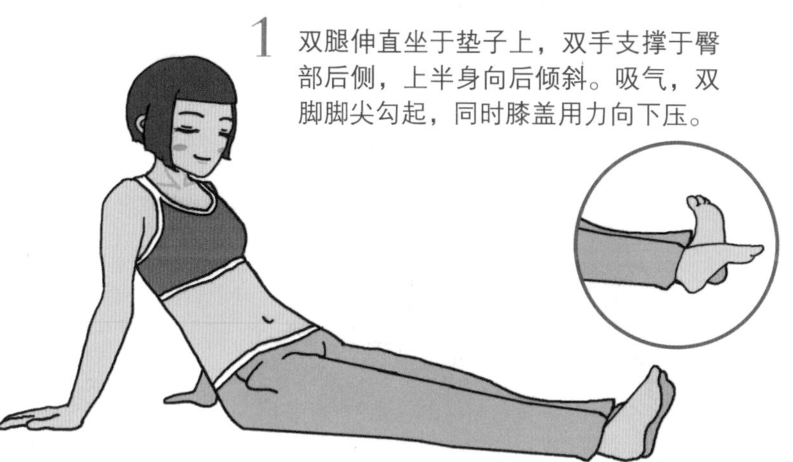

2 呼气，右脚脚尖用力向下压，吸气，右脚脚尖向内勾回；呼气，左脚脚尖用力向下压，吸气，左脚脚尖向内勾回。重复此练习3~5次后，稍作休息。

part 3

孕期三、四月

精选食谱&阳光“孕”动

孕期进入到三、四月，孕妈妈需要补充足够的镁、维生素A与锌，才能完整提供宝宝所需，镁与维生素A可以帮助骨骼发育、肌肉成长以及促进宝宝皮肤、肠胃道及肺部的健康；锌则有助宝宝后天记忆力的养成，还可帮助脑部组织的正常发育。孕妈妈跟着本单元阳光“孕”动一起做，不仅健康更美丽！

3月 孕期所需营养：镁、维生素A

孕妈妈在这个阶段，需补充足够的镁与维生素A，前者对胎儿骨骼及肌肉发育有着不可或缺的重要性；后者不仅可以维护视力，同时也是骨骼生长必需的营养素。

镁对人体相当重要，主要配合酶一起作用，核酸、蛋白质、糖类、脂类的作用都需要镁来配合，它同时控制细胞膜的作用，缺乏时会干扰钙与钾的作用。长期腹泻及消化道发炎都会影响镁的吸收，甚至耗尽体内镁的存量。

镁会影响胎儿的发育，包含身高、体重及头围等，孕妈妈摄取足够的镁不仅可以让胎儿正常发育，对本身子宫肌肉的恢复也有很大的帮助。

维生素A 对于人体来说有多重功用，例如促进骨骼生长、细胞分化、增生，甚至是强化免疫系统、预防感染，不仅可以维护体内各个组织上皮细胞的健康、维持正常视觉作用，还可以促进胎儿发育。

在胚胎发育初期，细胞需要增生及分化成不同组织，这些过程需要基因正常发挥作用，如果基因表现失常很可能造成畸形，而维生素A则能参与调节型态发育的基因。胎儿发育前三个月，无法自行储存，非常依赖母体供应维生素A。

孕妈妈缺乏镁与维生素A，前者引发子宫收缩，导致早产，后者容易罹患夜盲症；摄取过多，前者导致镁中毒，后者增高畸胎风险。

4月 孕期所需营养：锌

进入孕期四月，孕妈妈需摄取足够的锌供应胎儿，充足的锌可以维持胎儿脑部组织的发育，更有助宝宝出生后其后天记忆力的养成。

锌对人体而言是必需的矿物质营养素，由于体内没有储存锌的机制，因此最好每日都要通过饮食适量摄取，才能避免缺乏锌导致的问题。锌参与人体生长与发育、维持免疫功能及食欲、味觉等，缺乏时这些功能都会造成损伤，因此可说，锌对健康的影响相当广泛。

孕妈妈若锌摄取不足，轻者罹患感冒、支气管炎或肺炎等呼吸道疾病，重者甚至影响子宫收缩，分娩时由于子宫收缩无力，进而可演变成难产。

对于胎儿来说，锌也是非常重要的存在，缺乏时，轻者容易导致记忆力不好、智力低下，重者导致大脑发育受损，一生深受此影响，若是顺利出生，还可能引发中枢神经系统受损，甚至导致先天性心脏病或多发性骨畸形等多种无法挽回的先天缺陷。

若是摄取超量的锌，母体极可能出现腹泻、痉挛等状况，也会损伤胎儿的脑部发育及脑神经的建构，不利于其整体发展。

孕妈妈只要饮食均衡，便能从食物中摄取足够的锌，这也是孕期中获得营养素的最好方式。若想补充高剂量的锌，需咨询医生，才不会造成反效果。

南瓜包 

材料（一人份）

南瓜400克
糯米粉200克
藕粉15克
鲜香菇2朵
盐10克
酱油15毫升
白糖5克
食用油5毫升

做法

1 南瓜去皮，蒸熟后压碎；鲜香菇洗净，切丝。

2 先将糯米粉与50毫升水混合揉成面团，取出一小块放入滚水中，浮起后捞出，加入剩余的面团中，再加入藕粉和南瓜泥，做成南瓜面团。

3 起油锅，放入香菇、盐、酱油、白糖，炒香、炒匀成馅。

4 将揉好的面团，分成大小均匀若干份，擀成包子皮后包入馅料，入蒸锅蒸10分钟即可。

营养小叮咛

南瓜含有维生素和丰富的果胶，能消除体内细菌毒素和其他有害物质，有非常好的解毒作用，而且营养又开胃，是孕妈妈补充叶酸、提振食欲的良好食材。

芥蓝腰果炒香菇 镁

材料（一人份）

芥蓝180克　熟腰果40克
香菇7朵　红椒15克
黄椒15克　盐5克
白糖5克　食用油适量

扫一扫，轻松学

做法

1 芥蓝去除底部较硬的地方，茎切斜刀，叶切成3厘米长度；红椒、黄椒洗净后，去蒂头、去籽、切丝；香菇切下蒂头后切片，而蒂头部分切斜刀。

2 起油锅，放入香菇炒香，待香味传出后，放入芥蓝一起拌炒；加少许水，炒至芥蓝熟透，再下盐与白糖，需来回拌炒，使调味均匀。

3 最后放入红椒、黄椒及腰果，略微拌炒即可起锅。

清炒鱿鱼卷

材料（一人份）

鱿鱼150克　食用油5毫升　葱5克　姜5克
米酒5毫升　盐5克　胡椒粉5克

做法

1 鱿鱼洗净、擦干，在内侧斜刀刻出花纹，再切成2厘米宽度的片状。

2 葱切段；姜切成片状，备用。

3 取一锅，将鱿鱼放入滚水中汆烫，卷起来后即捞出，沥干水分。

4 另取一热锅，加油，放入葱、姜拌炒出香味后，再放入鱿鱼，接着加入米酒、盐与胡椒粉，拌匀即可起锅。

山药炒花蛤

材料（一人份）

花蛤500克　山药200克　香菜段50克　姜丝15克
葱丝10克　盐5克　米酒10毫升　花椒油2毫升
食用油30毫升

做法

1 将花蛤放入清水中浸泡，使其吐净泥沙，再捞出冲洗干净；蒸熟后，去壳取肉。

2 山药去皮、洗净，切成片，再放入沸水中略烫，捞出沥干。

3 起油锅，下葱丝、姜丝炒香，再加入花蛤肉。

4 加米酒炝锅，倒入山药片、盐炒匀，撒上香菜段，淋上花淑油，即可出锅装盘。

板栗扒上海青

镁

材料（一人份）

上海青100克　熟板栗肉70克
香菇30克　胡萝卜片30克
姜片2片　盐5克　白糖2克
水淀粉5毫升　食用油5毫升

扫一扫，轻松学

做法

1 香菇去蒂，洗净后切成两半；熟板栗肉切成两半。

2 上海青洗净、切段，放入沸水中焯烫一下，捞出后铺盘。

3 热油锅，下姜片炒出香味，接着加入香菇、板栗肉、胡萝卜片略炒。

4 加入盐、白糖、清水煮至入味，再用水淀粉勾芡，最后盛在上海青上即可。

牡蛎粥

材料（一人份）

牡蛎肉100克　白米粥150克　猪瘦肉30克
盐5克　葱花5克　姜末5克

做法

1 牡蛎肉洗净；猪瘦肉切丝备用。

2 取一锅，放入白米粥，加入适量清水和姜末，一起拌匀、加热。

3 接着加入肉丝和牡蛎肉，煮沸后加入盐调味，再撒上葱花即可。

京葱海参

材料（一人份）

海参270克　大葱1根　枸杞10克　米酒10毫升
蚝油15克　姜末10克　食用油5毫升

做法

1 将海参洗净后对剖，接着切斜刀，备用。

2 大葱切段备用。

3 起油锅，先炒香大葱段，接着放入海参、姜末、米酒、蚝油、枸杞和适量水，盖上锅盖，转中小火焖煮10分钟，烧至呈淡黄色即可。

牡蛎豆腐汤

材料（一人份）

豆腐50克　牡蛎100克　青菜100克　盐10克
胡椒粉5克　姜丝10克　葱花10克　芝麻油5毫升

做法

1 豆腐切块，放盐水中备用；青菜洗净，切段。
2 另取一碗盐水，将牡蛎放入其中洗两次，捞起备用。
3 汤锅中注入500毫升热水，先加入姜丝，再放入豆腐和牡蛎，煮沸。
4 接着加入盐、青菜段、葱花和胡椒粉，续煮至青菜软化。
5 起锅前，滴入芝麻油即可。

腐竹蛤蜊汤

锌

材料（一人份）

豆腐皮150克　蛤蜊300克　芹菜10克
盐10克　高汤500毫升　芝麻油5毫升

做法

1 将蛤蜊放入淡盐水中浸泡，使其吐沙，再用清水洗净，沥干水分。
2 豆腐皮洗净，用清水泡软，沥去水分，切成小段。
3 芹菜择去叶片，洗净后切成细末。
4 锅中加高汤烧沸，放入豆腐皮段煮沸，再放入蛤蜊煮至壳开；加入盐、芝麻油及芹菜末煮至入味即可。

鲜虾豆腐汤

材料（一人份）

虾仁8只　豆腐100克　葱花10克　盐5克
高汤500毫升　米酒5毫升

做法

1 将豆腐切小块，用沸水焯烫后捞出沥水。
2 虾仁去肠泥后洗净，用沸水汆烫，捞出沥水，放凉。
3 汤锅中加高汤、米酒，放入豆腐块、虾仁烧沸，撇去浮沫，加入盐再煮5分钟。
4 起锅前撒入葱花即可。

冬瓜海鲜锅

材料（一人份）

冬瓜120克　虾仁50克　鲜鱿鱼50克
魔芋丝50克　虾丸50克
盐5克　高汤500毫升

做法

1. 将冬瓜去皮、去籽洗净后，切片；鲜鱿鱼洗净，切成圈圈状；虾仁挑去泥肠后洗净。
2. 锅中放入高汤煮滚后，先放入冬瓜片，煮5分钟，再放入鱿鱼圈、虾仁、魔芋丝、虾丸再次煮沸。
3. 最后加入盐调味，煮至入味即可。

菠菜鱼片汤

材料（一人份）

鲈鱼肉100克　菠菜100克　葱段10克
姜片3片　盐5克　米酒5毫升　食用油5毫升

做法

1. 将鲈鱼肉洗净，切成薄片；菠菜洗净、切段，放入沸水中焯烫后，捞出备用。
2. 锅中加油烧热，放入鲈鱼片煎至两面微微带有金黄色。
3. 接着加入葱段、姜片一起拌炒，再加入米酒微炝。
4. 注入适量清水，待煮沸后加入菠菜。
5. 略煮一下后关火、加盐调味即可。

五彩虾仁

材料（一人份）

虾仁100克　豌豆40克　蘑菇20克　红甜椒15克
蛋白1个　生粉5克　米酒5毫升　蒜末5克
盐5克　食用油5毫升　高汤30毫升

做法

1 虾仁洗净，开背去除肠泥，用纸巾擦干后放入碗中，加入蛋白、米酒、盐抓腌，最后放入生粉拌匀；蘑菇和红甜椒切丝备用。

2 热锅加油，放入虾仁煎至变白后，放入蒜末一起拌炒。

3 虾仁七分熟时，放入豌豆、蘑菇、红甜椒拌炒出香味，再加盐与高汤，加盖煮3分钟即可。

虾米海带丝

锌

材料（一人份）

虾米50克　海带丝200克　姜丝10克
红辣椒丝10克　米酒5毫升　酱油10毫升　食用油5毫升　芝麻油5毫升

做法

1 将虾米洗净，蒸熟；海带丝洗净，放入加有米酒的沸水中焯烫，捞出沥干后放入盘中，加入姜丝、虾米、酱油，腌渍一会。

2 将锅置于火上，倒入食用油烧热，放入红辣椒丝略炸后将其浇到虾米海带丝上，最后淋上芝麻油拌匀即可。

南瓜炒肉丝

材料（一人份）

南瓜250克　猪肉丝45克　姜片15克
酱油5毫升　葱末10克　食用油适量

做法

1 南瓜洗净、去皮，用汤匙仔细挖去瓤后，切成斜片备用。

2 热油锅，先放入猪肉丝炒散，再爆香姜片，一起拌炒1分钟。

3 再加入南瓜翻炒2分钟，接着加入酱油和水，煨煮一下，待南瓜熟软，再加入葱末即可。

南瓜蒸肉

材料（一人份）

小南瓜1个　猪肉150克　红枣4个
酱油10毫升　甜面酱10克　白糖2克
葱末10克　米酒5毫升

做法

1 将南瓜洗净，在瓜蒂处开一个小盖子，用汤匙仔细挖出南瓜籽。

2 猪肉洗净、切片，加酱油、甜面酱、白糖、葱末、米酒拌匀，填入南瓜盅里，并塞入红枣。

3 盖上南瓜盖，用大火蒸10分钟后，取出即可。

菠菜猪肝汤

材料（一人份）

菠菜150克　猪肝50克　胡萝卜10克　枸杞5克
生姜2片　盐5克　米酒5毫升

做法

1 猪肝切片；姜片切丝；胡萝卜和菠菜切成适当大小。

2 将猪肝放入滚水中略微汆烫一下，外层变色后马上捞起备用。

3 另取一锅，加入清水煮滚，再放入菠菜、胡萝卜丝和姜丝，再次煮滚。

4 最后放入已汆烫的猪肝，加入米酒与枸杞，接着放盐调味即可。

香煎鸡腿南瓜

镁

材料（一人份）

南瓜130克　面粉适量　洋葱50克
去骨鸡腿150克　米酒15毫升
白糖15克　白醋20毫升　盐2克
姜末15克　生粉适量　食用油适量

扫一扫，轻松学

做法

1 南瓜洗净，去皮后切薄片；洋葱洗净，去皮后切丝；鸡腿肉洗净，切块。

2 鸡腿肉加入米酒、盐、姜末及生粉，腌渍20分钟入味。

3 热油锅，将腌好的鸡肉表层裹上面粉，下锅煎至表面金黄，捞起备用。

4 原锅中放入洋葱炒软，加入拌匀的白糖、白醋，再放入南瓜微微炒软，加点水焖一下，最后加入鸡肉拌炒一下，盛盘即可。

芝麻包菜

材料（一人份）

包菜200克　黑芝麻5克　盐10克　食用油10毫升

做法

1 热锅，用小火干煸黑芝麻，炒出香味后盛出备用。

2 包菜拨开菜叶洗净，切成粗丝。

3 取炒锅，倒入油烧热。

4 放入包菜，大火快炒至熟透发软、菜梗部分呈现透明状，再加盐调味。

5 最后撒上干煸过的黑芝麻拌匀即可。

蒜蓉空心菜

材料（一人份）

空心菜200克　蒜蓉10克　食用油5毫升　盐5克

做法

1 将空心菜挑去老叶，切去根部后洗净，切成3厘米的长段。

2 热油锅，先下蒜蓉炒出香味，接着加入空心菜，再加入盐和清水，翻炒拌匀即可。

金钱虾饼

锌

材料（一人份）

虾仁250克　马蹄4颗　蛋白1个
生粉5克　米酒5毫升
姜末5克　盐5克

扫一扫，轻松学

做法

1 虾仁洗净、去肠泥，压成泥状后剁碎；马蹄洗净，放进塑料袋中用刀背剁碎。

2 虾泥和所有调味料放进装有剁碎马蹄的塑料袋中，一起搅拌至出现黏性。

3 将搅拌好的馅料分成大小一致的小团，再整成圆饼状。

4 热油锅，放入虾饼，用中小火煎至两面金黄、熟透即可。

小白菜丸子汤

材料（一人份）

猪绞肉150克　鸡蛋1个　小白菜200克
米酒5毫升　盐5克

做法

1 小白菜洗净，切段备用。

2 猪绞肉加入米酒、盐、鸡蛋搅拌均匀，调成肉馅。

3 烧一锅滚水，转小火，将肉馅用汤匙舀成丸子状后放入锅中，待丸子煮熟，捞出浮沫，再加入小白菜续煮，煮滚后加盐调味即可。

高汤蔬菜面

材料（一人份）

西蓝花3朵　金针菇3串　玉米粒15克
胡萝卜5片　香菇1朵　小虾仁15个　葱花10克
海带高汤500毫升　粗面1份　盐15克

做法

1 将胡萝卜、西蓝花、金针菇、香菇、虾仁洗净；面条加10克盐汆烫后备用。

2 把金针菇、胡萝卜、西蓝花、玉米粒、虾仁、香菇放入海带高汤中熬煮。

3 胡萝卜熟透之后放入面条，熬煮2分钟。

4 起锅前撒上5克盐及葱花即可。

香炒猪肝

材料（一人份）

新鲜猪肝200克
青椒40克
红椒40克
生姜3片
大蒜2瓣
食用油5毫升
花椒油5毫升
盐5克
酱油5毫升

做法

1 将猪肝切成薄片。

2 将青椒与红椒洗净、剖开，去籽后切成适当大小的片状。

3 大蒜切成片，备用。

4 锅内注油加热，将姜片、蒜片先放入爆香，再将青、红椒片放入，用中火翻炒出香味。

5 再将猪肝放入，加入盐与花椒油、酱油提味，大火快炒后起锅即可。

营养小叮咛

韭菜含有丰富的胡萝卜素、维生素C及钙、磷、铁、膳食纤维等多种营养成分，可暖胃，改善贫血，促进骨骼、牙齿发育，帮助肠胃蠕动，促进消化与通便。

莲子炖猪肚

材料（一人份）

猪肚80克
去心莲子15克
山药10克
盐5克
姜片3片
葱段10克

做法

1 莲子放入温开水中泡30分钟，备用。

2 猪肚洗净，放入沸水中煮至软烂，捞出后冲洗，再切成条。

3 将猪肚条、葱段、姜片、山药、莲子一起放入清水中，用小火炖约40分钟。

4 最后再放入盐调味即可。

营养小叮咛

莲子含有维生素B_2、蛋白质、维生素E、食物纤维等营养成分，可补虚益气，促进凝血，维持体内酸碱平衡，具有安神养心作用。和猪肚一起熬汤，可健脾养胃。

蛤蜊丝瓜面线

锌

材料（一人份）

丝瓜200克　蛤蜊8个　姜5片
虾米5克　面线1份　芝麻油5毫升
盐5克　米酒20毫升

扫一扫，轻松学

做法

1 丝瓜切成条状；面线汆烫备用，去除杂质及咸度即可捞起，无需熟透。

2 用芝麻油爆香虾米与姜片后，放入丝瓜拌炒，再放入250毫升水及盐一起熬煮。

3 汤汁沸腾后，下蛤蜊并盖上锅盖焖煮，待蛤蜊打开后，下入面线再熬煮一会儿，起锅前淋上米酒即可。

牡蛎面线

锌

材料（一人份）

牡蛎300克　白面线1把　生粉10克　蒜头2瓣
葱1支　食用油5毫升　酱油膏30克　芝麻油5毫升　胡椒粉5克　白糖5克

做法

1 葱洗净，切段；蒜头洗净后去皮、切末；面线汆烫后备用。

2 洗净牡蛎，均匀裹上生粉后，放入滚水中，用小火熬煮至其浮起便可捞起备用。

3 起油锅，将蒜末、葱段一起爆香，加入500毫升煮牡蛎的水，放入面线与牡蛎。

4 加入酱油膏调色，再撒上芝麻油、胡椒粉、白糖拌匀即可起锅。

抢锅面

镁

材料（一人份）

葱1支　蒜片5克　西红柿100克　玉米笋20克
萝卜40克　胡萝卜40克　上海青30克　鸡蛋1个
包菜30克　细面1把　食用油10毫升　盐5克
酱油20毫升　白糖5克

做法

1 西红柿切块；葱切段；蔬菜切成适口大小；鸡蛋打散；面条加盐汆烫备用。

2 起油锅炒蛋，蛋炒至表面微焦后，盛盘备用。

3 原锅中爆香葱段、蒜片后，放入蔬菜炒香。

4 加入盐、酱油、白糖、清水，煮至食材熟透后将其盛入装面的碗中，加入炒好的鸡蛋即可。

黑芝麻猪蹄汤

材料（一人份）

猪蹄420克　黑芝麻10克　盐5克　芝麻油5毫升　米酒5毫升

做法

1 黑芝麻用水洗净，放入锅中炒出香味后，研成粉末。

2 猪蹄去毛，洗净、切块，放入滚水中汆烫。

3 锅中放入适量清水，大火煮沸后将猪蹄放入，转中火。

4 再次煮沸后，转小火放入米酒续煮1小时。

5 最后将黑芝麻末、盐和芝麻油倒入汤中，拌匀即可。

海鲜炒饭

锌

材料（一人份）

白饭200克　鸡蛋1个　墨鱼40克
虾仁40克　干贝15克　葱末10克
生粉15克　盐5克　食用油适量

做法

1 墨鱼、干贝及虾仁洗净，墨鱼刻花、切片。

2 将墨鱼、干贝、虾仁和生粉放入碗中，腌渍片刻。

3 热油锅，将打好的蛋液煎成蛋皮，再将蛋皮切丝备用。

4 使用原锅，放入所有食材炒匀即可。

凉拌海蜇皮

材料（一人份）

海蜇皮150克　黄瓜丝200克　熟鸡肉丝25克　醋20毫升　熟火腿丝10克　红椒丝10克　青椒丝10克　蒜末20克　盐5克　酱油30毫升　白糖20克

做法

1 海蜇皮洗净、切粗条，用水浸泡20分钟，放入温水中烫30秒，再放入冰水中冷却，捞出。

2 将蒜末、醋、盐、酱油、白糖调成汁。

3 将海蜇皮、黄瓜丝、熟鸡肉丝、熟火腿丝、红椒丝、青椒丝一起放入碗中，淋上调味汁，拌匀即可食用。

桂花干贝

材料（一人份）

鸡胸肉100克　干贝50克　鸡蛋1个
盐15克　芝麻油5毫升　米酒5毫升
食用油5毫升　生粉5克

做法

1 将干贝洗净后，放入碗内，隔水蒸熟后压碎。
2 鸡胸肉洗净，用刀剁成泥。
3 鸡肉泥放入碗内，倒入米酒、芝麻油、盐、生粉，搅拌均匀。
4 再加入蛋液、干贝碎末和少许的水，搅拌成糊料。
5 将糊料放入油锅中翻炒，迅速拨散，做成桂花状即可。

鲜蔬虾仁

材料（一人份）

山药100克　虾仁100克　西芹30克
胡萝卜30克　盐10克　米酒5毫升
白糖2克　芝麻油5毫升　食用油5毫升

做法

1 山药去皮，用盐水浸泡后，捞出切丁。
2 西芹、胡萝卜洗净，切丁。
3 虾仁挑除肠泥、洗净，放盐、米酒、白糖腌20分钟。
4 起油锅，将虾仁、胡萝卜同炒至半熟，紧接着放入山药、西芹一同炒至熟，最后淋上芝麻油即可。

黄瓜镶肉 镁

材料（一人份）

猪绞肉100克　鱼浆30克
黄瓜1条　胡萝卜末30克
香菇末15克　虾米末5克
姜末5克　盐5克

扫一扫，轻松学

做法

1 黄瓜洗净去皮，切成5厘米高的小段，挖去中间的籽，做成中空的管状备用。

2 猪绞肉中加入鱼浆、胡萝卜末、香菇末、虾米末、姜末和盐，搅拌均匀。

3 将馅料填入黄瓜中空处，并让馅料微微突出表面，填完后放在盘子中。

4 将盘子放到电饭锅中，外锅倒入200毫升水，按下开关，蒸至开关跳起，取出即可。

鲜虾芦笋

材料（一人份）

对虾100克　芦笋200克　姜片10克
鸡汤300毫升　生粉5克　米酒5毫升
水淀粉15毫升　蚝油5克　盐5克

做法

1 芦笋洗净、切长段，烫熟后盛盘备用；对虾去壳，挑去肠泥，用生粉及米酒拌匀，腌渍入味。

2 起油锅，将虾肉煎至两面金黄，取出备用。

3 另起油锅，爆香姜片，加入鲜虾、鸡汤、蚝油及盐，待汤汁收浓，用水淀粉勾芡，起锅浇在已装盘的芦笋上即可。

蘑菇鸡片

材料（一人份）

鸡胸肉150克　蘑菇70克　芦笋50克　高汤适量
蛋白1个　生粉5克　淡色酱油10毫升　盐5克
芝麻油5毫升　米酒5毫升

做法

1 鸡胸肉洗净，切片；蘑菇洗净，对半切开；芦笋洗净，切斜段。

2 鸡胸肉片中加入蛋白、生粉以及淡色酱油，腌渍入味。

3 起油锅，将鸡肉片略炒至变白，放入蘑菇、芦笋翻炒，加米酒、盐拌炒均匀，再加入高汤煮滚，起锅前淋上芝麻油即可。

虾仁豆腐 锌

材料（一人份）

豆腐200克　虾仁50克　蛋白10克　生粉5克　盐10克　水淀粉10毫升　芝麻油5毫升　食用油适量

做法

1 豆腐切丁；虾仁去肠泥，冲洗干净。

2 烧一锅滚水，焯烫豆腐，将豆腐定型。

3 虾仁加入5克盐、蛋白以及生粉拌匀，腌渍5分钟入味。

4 热油锅，放入虾仁、豆腐丁、少许水，煮滚后加盐调味，续煮至汤汁略收干，最后用水淀粉勾芡，起锅前淋上芝麻油即可。

丝瓜熘肉片

材料（一人份）

丝瓜150克　猪瘦肉100克　姜丝10克　葱段10克　生粉5克　米酒5毫升　盐10克　白醋5毫升　食用油适量

做法

1 丝瓜洗净，去皮切片。

2 猪肉洗净，切成薄片，再加入生粉、米酒和5克盐，腌渍10分钟。

3 热油锅，爆香葱段、姜丝，放入猪肉片炒至变白，再放入丝瓜、少许水，煮滚后加盐、白醋调味即可。

蚝油芥蓝

材料（一人份）

芥蓝350克　姜末20克　柴鱼片15克　白糖5克　蚝油15克　食用油适量

做法

1 芥蓝洗净，切成段。

2 烧一锅滚水，放入芥蓝焯烫，捞出沥干备用。

3 热油锅，爆香姜末，放入芥蓝拌炒，再加蚝油、白糖翻炒均匀，即可盛盘。

4 在炒好的芥蓝上面撒上柴鱼片即可。

玉米香菇虾肉卷 锌

材料（一人份）

馄饨皮15个　猪绞肉150克　干香菇30克
虾仁60克　玉米粒60克　胡萝卜25克
盐10克　生粉5克　芝麻油5毫升

做法

1 胡萝卜去皮、洗净后，切成末状；干香菇泡开后，切成末状；虾仁剁成泥状，备用。

2 将猪绞肉、胡萝卜末、香菇末、虾泥和玉米粒混合，搅拌均匀；再加入盐、芝麻油、生粉和泡香菇的水，制成肉馅。

3 馄饨皮包入肉馅，掐紧开口，入油锅炸熟即可。

南瓜紫菜蛋花汤 维生素A

材料（一人份）

南瓜100克　紫菜3克　鸡蛋1个　葱花10克
食用油5毫升　盐5克

做法

1 南瓜洗净，去皮切片。

2 紫菜泡发后，洗净备用。

3 鸡蛋打入碗内，搅打成蛋液。

4 起油锅，先下葱花爆香，接着放入南瓜和500毫升清水。

5 煮到南瓜熟透后，放入盐和紫菜，用筷子搅开后，续煮10分钟。

6 最后倒入蛋液煮成蛋花即可。

无锡排骨

材料（一人份）

猪小排300克 桂皮5克 白糖15克 乌醋15毫升 食用油适量 八角1个 酱油45毫升 姜3片 生粉15克 芝麻油8毫升 绍兴酒20毫升 番茄酱15克

扫一扫，轻松学

做法

1 猪小排洗净，加入20毫升酱油、15毫升绍兴酒、生粉、白糖以及5毫升芝麻油，搅拌均匀后，腌渍5分钟。

2 热锅中倒入适量油，放入腌好的排骨，煎至两面金黄。

3 大碗中依序放入煎好的排骨、剩下的所有调味料、姜片、桂皮和八角。

4 将大碗放到电饭锅中，外锅倒入300毫升水，按下开关，蒸至开关跳起，取出盛盘即可。

南瓜烧肉

材料（一人份）

猪梅花肉片300克 南瓜150克 洋葱100克 蒜末5克 米酒10毫升 酱油25毫升 味醂60毫升 白糖5克

做法

1 南瓜外皮刷洗干净，去籽后切块；洋葱切块；肉片中加入米酒、酱油各5毫升，腌渍10 分钟。

2 热油锅，爆香蒜末，再放入洋葱炒香，炒至洋葱呈半透明状，盛出备用。

3 内锅中依序放入南瓜块、炒料、肉片以及剩余的所有调味料，并加水淹过食材，将内锅放入电饭锅中，外锅加100毫升水，按下开关，蒸至开关跳起后，焖10分钟即完成。

葱丝猪肉

材料（一人份）

猪里脊肉片400克 洋葱50克 葱10克 蒜末8克 姜末15克 酱油20毫升 白糖10克 米酒10毫升 芝麻油5毫升 黑胡椒粉少许

做法

1 里脊肉片洗净，切小段；洋葱洗净，去皮后切丝；葱洗净，切丝。

2 将里脊肉片、蒜末、姜末和所有调味料搅拌均匀，放入冰箱中腌渍30分钟。

3 起油锅，放入洋葱炒至半透明状，再放入腌料，炒至肉片上色，起锅后撒上葱丝即完成。

鲜虾三菇汤

材料（一人份）

对虾130克　白菜100克　鸿喜菇50克
秀珍菇50克　金针菇80克　香菜末10克　姜片5片
芝麻油5毫升　盐5克　米酒5毫升　食用油5毫升

做法

1 将对虾去须，挑去虾线后洗净；白菜洗净，再切块；鸿喜菇、秀珍菇、金针菇分别洗净，剥散备用。

2 锅中加食用油烧热，先下姜片、菇类及白菜略炒，接着放入米酒和500毫升清水烧沸。

3 再将虾、盐放入，续煮至虾全熟。

4 最后撒入香菜末，淋入芝麻油即可。

蛤蜊瘦肉海带汤

维生素A

材料（一人份）

蛤蜊500克　猪廋肉100克　红椒丝10克
葱段10克　海带50克　姜片适量
盐5克　米酒5毫升　胡椒粉5克
食用油5毫升

做法

1 将海带泡发，切片；猪瘦肉洗净，切片；蛤蜊洗净；红椒洗净，切丝。

2 肉片加入盐、油，充分抓匀，腌渍一会。

3 起水锅，放入所有食材熬煮，下盐、米酒及胡椒粉调味即可。

芥末海鲜

材料（一人份）

虾仁50克　海螺2颗　鱿鱼1条　包菜4片
胡萝卜20克　小黄瓜20克　木耳20克
黄芥末酱30克　白醋15毫升　白糖10克
盐5克　芝麻油5毫升　胡椒粉5克

做法

1 海螺切成薄片备用；鱿鱼洗净后去膜、切片；小黄瓜、胡萝卜、包菜和木耳洗净、切条，入沸水锅中烫熟。

2 将所有调味料混合，拌匀成芥末酱汁。

3 另取一锅，将海鲜食材烫熟后与蔬菜食材、芥茉酱汁拌匀即可。

糖醋鱿鱼

材料（一人份）

鱿鱼100克　姜3片　蒜泥3克　白糖10克
白芝麻5克　葱花3克　米酒5毫升
盐3克　番茄酱15克　酱油15毫升
白醋20毫升　米酒5毫升　芝麻油5毫升
柠檬汁20毫升

做法

1 鱿鱼洗净，切成圈状，备用。

2 将鱿鱼、姜片放入内锅中，加水淹过食材，再放入米酒、盐。

3 将内锅放到电饭锅中，外锅倒入100毫升水，按下开关，蒸至开关跳起，捞出鱿鱼，沥干摆盘，撒上葱花。

4 将蒜泥、白芝麻与剩余的所有调味料拌匀成酱汁，食用时沾上酱汁即可。

蒜头蛤蜊鸡汤

材料（一人份）

鸡腿肉150克　蛤蜊300克　蒜头30瓣　姜2片　葱花10克　米酒15毫升　盐5克

做法

1 鸡腿肉洗净，切块；蛤蜊洗净，泡盐水吐沙；蒜头去皮。

2 烧一锅滚水，加少许盐，放入鸡腿肉汆烫去血水，捞起备用。

3 内锅中依序放入鸡腿肉、蛤蜊、姜片、蒜头、米酒，再加水淹过食材。

4 将内锅放到电饭锅中，外锅倒入100毫升水，按下开关，蒸至开关跳起，再焖10分钟，最后加盐调味，撒上葱花即完成。

咖喱蔬菜鱼丸煲

维生素A

材料（一人份）

胡萝卜块40克　洋葱40克　鱼丸40克　盐5克
苹果40克　粉丝40克　西蓝花40克　白糖2克
酱油15毫升　咖喱酱80克　食用油适量

做法

1 西蓝花洗净，切小朵、汆熟；胡萝卜汆熟。

2 苹果洗净、去皮，切小块；粉丝浸水泡软后捞出，水煮过后放入砂锅备用。

3 锅中放油烧热，放入洋葱、胡萝卜、苹果，再加入盐、白糖，接着调入咖喱酱，翻炒至熟。

4 加500毫升清水和酱油，再放入鱼丸、西蓝花焖煮熟透，盛入装有粉丝的砂锅中即可。

芹菜肚丝

材料（一人份）

猪肚200克　芹菜100克　辣椒丝20克
盐10克　米酒5毫升　蒜泥20克
芝麻油5毫升　辣油5毫升

做法

1 将芹菜去叶，洗净、切段，过水煮熟后捞出，放入冷水中浸泡。

2 猪肚洗净，放入加了米酒和盐的沸水中汆烫去腥，再取出切丝。

3 将芹菜段、猪肚丝放入盘中，再加入盐、蒜泥、辣椒丝、辣油和芝麻油，拌匀即可。

红薯粥

材料（一人份）

红薯60克　白米30克

做法

1 将红薯洗净去皮，切成滚刀块，放在盐水里泡10分钟备用。

2 白米洗净，用清水浸泡30分钟。

3 将泡好的白米和红薯放入锅内，边煮边搅拌。

4 大火煮沸后，转中小火，焖煮20至30分钟，至米粒软烂即可。

香干芹菜

维生素A

材料（一人份）

豆干100克　芹菜100克　食用油5毫升
豆瓣酱5克　盐5克　葱末10克　姜末10克
芝麻油5毫升

做法

1 将豆干切条。

2 芹菜去叶后，洗净切段，放入沸水焯烫片刻，捞出沥干备用。

3 锅中倒入食用油烧热，放入豆瓣酱炒出香味，接着放入豆干、芹菜段、葱末、姜末一起翻炒均匀。

4 放入盐调味，再淋上芝麻油即可。

芹菜炒肉丝

材料（一人份）

猪瘦肉250克　芹菜100克　米酒5毫升
酱油5毫升　盐5克　生粉5克　葱花5克
食用油5毫升　姜丝10克

做法

1 将芹菜去叶，洗净，除去过粗纤维后切斜刀备用。

2 瘦猪肉洗净后切丝，加入米酒、酱油、盐、生粉拌匀，腌渍一会。

3 起油锅，将猪肉丝炒至变色，捞出备用。

4 炒锅中重新倒油烧热，先将姜丝爆香，再放入肉丝和芹菜翻炒，最后加入盐调味，起锅前加入葱花即可。

虾仁海参

材料（一人份）

干虾仁15克　干海参150克　葱段10克　姜片3片　米酒5毫升　盐5克　水淀粉5毫升　食用油5毫升　芝麻油5毫升　蚝油15克

做法

1 将海参泡发后，剖肚挖去内肠，刮净肚内和表面杂质，洗净、切斜刀，再汆烫。

2 虾仁洗净，挑去肠泥备用。

3 热油锅，放入姜片、葱段炒香，再下虾仁，加入米酒、蚝油、盐，炒匀后加入适量清水。

4 等汤汁煮沸后，放入海参，再用水淀粉勾芡，煨煮成浓汤后，加入芝麻油即可。

四喜蒸饺

维生素A

材料（一人份）

饺子皮200克　芹菜50克　蘑菇50克　水发木耳50克　胡萝卜丝50克　盐10克　菠菜50克　水发粉丝30克　豆干30克　水发笋片30克　姜末30克　芝麻油10毫升　酱油15毫升

做法

1 所有食材洗净、过水、剁末，备用；取一大碗，将备好的食材放入混合，再加入所有调味料搅成馅。

2 取饺子皮，包入馅料，捏出长条饺子形状，头尾留开口，放入蒸锅蒸熟即完成。

芹菜炒羊肉

材料（一人份）

羊肉丝100克　芹菜段100克　食用油适量　蒜末10克　姜丝10克　米酒10毫升　生粉5克　豆瓣酱10克　芝麻油5毫升　酱油5毫升

做法

1 羊肉丝加入5毫升米酒、酱油，腌10分钟后加入生粉，再搅拌均匀。

2 起油锅，先放姜丝和蒜末爆香，接着放入豆瓣酱炒出香味，再放入羊肉丝炒至八分熟。

3 紧接着放入芹菜段和5毫升米酒，大火翻炒片刻后，起锅前淋上芝麻油即可。

姜丝龙须菜

镁

材料（一人份）

龙须菜350克　姜丝10克
白醋5克　鲣鱼酱油5毫升
盐5克　芝麻油5毫升　白糖5克

做法

1 将龙须菜洗净，切去较硬的根部，切成小段。

2 烧一锅滚水，放入龙须菜焯烫，再加入姜丝略煮后一起捞出沥干，放入碗中。

3 将所有调味料搅拌均匀，再浇入装有龙须菜和姜丝的碗中，拌匀即可。

豆苗炒虾仁

材料（一人份）

豆苗200克　虾仁25克　酱油5毫升
盐5克　食用油适量

做法

1 豆苗挑拣后洗净，切成段；虾仁洗净，去肠泥。

2 热油锅，放入豆苗炒至半熟，然后把虾仁倒进去同煮，加盐和酱油，略炒至入味即完成。

孕期三、四月阳光孕动

莲花侧坐伸展式

此练习可舒展侧腰，减轻腰部疲劳，并缓解由于母体及胎儿体重的增加而给身体带来的不适感。

1 挺直腰背，双腿自然散盘，双手放到膝盖上，掌心向上，食指和拇指相触。

2 将右手指腹撑在右臀部旁的垫子上。吸气，左手伸直高举过头顶。

3 呼气，身体稍向右侧弯曲，保持3～5次呼吸；吸气抬起上半身。呼气，放下手臂，稍作休息，再做另一边。

4 将左手指腹撑在左臀部旁的垫子上。吸气，右手伸直高举过头顶。

5 呼气，身体稍向左侧弯曲，保持3～5次呼吸。吸气抬起上半身。呼气，放下手臂，稍作休息。

手臂伸展式

此练习可灵活肩部，扩张胸部，增加氧气的吸入量。同时可使手臂的肌肉紧实，使身体更为强壮，为孕中期体重增加做好准备。

1 挺直腰背，双腿自然散盘，双手放到膝盖上，掌心向上，食指和拇指相触。吸气，双手前平举，掌心向下。

2 呼气，双臂左右打开，侧平举，指尖向上翘起。

3 保持自然的腹式呼吸，将手臂伸直，从前向后旋转3圈，再从后向前旋转3圈。呼气，恢复到起始姿势，稍作休息。

part 4

孕期五、六月

精选食谱&阳光“孕”动

孕妈妈在孕期第五、六个月，应该摄取足够的钙、维生素D以及铁，钙可以促进宝宝骨骼与牙齿的发育，维生素D则有助于钙的吸收，两者相辅相成，缺一不可；铁则是孕妈妈与宝宝不可缺乏的重要营养素。孕妈妈跟着单元最末体操动作一起做，不仅健康，更拥有好气色！

5月 孕期所需营养：钙、维生素D

钙对人体来说是非常重要的营养素，人们需要钙来协助心脏、肌肉及神经正常运作，而钙对人体血液的正常凝结也扮演着不可或缺的角色，若是没有摄取足够的钙，罹患骨质疏松症的风险会随之显著增加。很多医学研究指出，钙摄入不足与低骨密度、骨折高发生率息息相关。

孕期五月，孕妈妈应该补充足够的钙与维生素D，才能完整提供胎儿此时期所需营养，维生素D与钙的关系十分微妙，前者有助于后者吸收，两者的关系非常紧密。获取维生素D的来源很多，其中一种便是通过晒太阳来生成。

妊娠进入第五个月，胎儿的骨骼与牙齿开始快速生长，此时需要大量的钙，因此会从孕妈妈身上摄取更多的钙来供给生长所需。

妊娠时期孕妈妈如未摄取足够的钙会导致四肢无力、腰酸背痛、肌肉痉挛、小腿抽筋、手足抽搐及麻木等不适症状，严重者甚至可能造成骨质疏松、软化及妊娠期高血压综合征等疾病。

虽然钙对胎儿非常重要，但过量或缺乏都不是件好事。胎儿摄取过量，不利于铁、锌、镁、磷等营养素的吸收，也可能因为胎盘提前老化而发育不良，甚至因为颅缝过早闭合而演变成难产。

钙摄取缺乏，则可能导致骨质软化症、颅骨软化、骨缝过宽等异常现象。

6月 孕期所需营养：铁

铁是人体必需营养素之一，身体大部分的铁都分布在血红素中，身负重责大任，包含携带氧气、传递电子及氧化还原等多项重要任务，剩余的铁则以蛋白形式储存在肝脏及骨髓中，以便紧急情况下使用。

妊娠进入第六个月，孕妈妈跟胎儿都需要大量营养素，加上怀孕之后母体血液总量忽然增加许多，理所当然对铁的需求量也会大增，孕妈妈可以通过饮食、从各类食物中获得铁，避免发生缺铁性贫血。

铁在酸性环境中吸收最好，建议多从动物性食物中获取。为了自己与胎儿的健康，孕妈妈要从食物中加强摄取足够的铁，或是根据产检结果（以医生的评估为准则），适当补充铁剂来获得充足的铁，才能让自己及胎儿同时拥有健康的身体。

缺乏铁，对孕妈妈及胎儿都会产生一定程度的影响，前者容易发生食欲不振、情绪低落、疲劳及晕眩，甚至可能出现早产或生出体重过轻的宝宝。后者缺铁，容易出现生长迟缓，宝宝出生后若未获得改善，可能导致注意力无法集中。

想要有效摄取铁，每日必需食用充足的深绿色蔬菜，并从饮食中补充足够的维生素C 与蛋白质，以增强铁的吸收。还应避免同时摄取钙与餐后大量饮水，以免造成抑制现象，或破坏利于铁吸收的酸性环境。

糖醋黄鱼

材料（一人份）

鲜黄鱼1条
碗豆20克
胡萝卜丁20克
笋丁20克
葱末10克
生粉5克
水淀粉5毫升
食用油适量
米酒5毫升
白糖2克
醋5毫升
酱油10毫升

做法

1 将黄鱼洗净、处理好，在鱼身两面划上花纹、拍上生粉，放入油锅炸至外皮稣脆，捞起沥干油，放入盘中备用。

2 另起锅，倒入油烧热，放入豌豆、胡萝卜丁、笋丁略炒。

3 加入葱末、白糖、醋、酱油、米酒、适量水熬煮，待煮沸后，用水淀粉勾芡，做成调味汁。

4 将煮好的调味汁浇在鱼身上即可。

营养小叮咛

黄鱼含有丰富的蛋白质和维生素，以及微量元素钙、磷、铁、碘，而且鱼肉组织柔软，易于消化吸收，对人体有很好的补益作用，可护肝、安定神经、改善睡眠、增强免疫力。

花椰拌海带结 钙

材料（一人份）

西蓝花150克　海带结150克
白糖5克　淡色酱油20毫升

做法

1 西蓝花洗净、取小朵；海带结洗净。

2 将白糖、淡色酱油及50毫升开水搅拌均匀成酱汁，放在小碗中备用。

3 起一锅水，放入西蓝花、海带结煮熟，捞出沥干后便可盛盘。

4 最后将酱汁均匀地淋在盛盘的西蓝花、海带结上即可。

扫一扫，轻松学

山楂烧鱼片 维生素D

材料（一人份）

鲷鱼肉片150克　山楂片20克　蛋黄1个
洋葱20克　料酒5毫升　辣椒酱5克
姜片2片　盐10克　面粉5克　食用油适量

做法

1 将山楂片敲碎；洋葱洗净，切块。

2 将鲷鱼片洗净，斜刀切块，加料酒、盐、蛋黄、面粉，腌渍15分钟。

3 热油锅，将鱼片炸至金黄色，捞起沥干油。

4 另起油锅，爆香姜片，放入山楂片和少量水，使其溶化，再加入辣椒酱、鱼片和洋葱，放入少量水，煨煮一下，等酱汁稍收干即可。

红烧鲈鱼片 钙

材料（一人份）

鲈鱼1条　盐5克　米酒5毫升　酱油15毫升
葱末10克　姜丝10克　白糖2克　生粉15克
食用油适量　水淀粉适量

做法

1 鲈鱼处理干净后，去头、取鱼肉，切斜刀片，再用盐、米酒、生粉腌渍备用。

2 将鱼块炸至金黄色，捞出沥油。

3 另起油锅，放入葱末、姜丝爆香，接着倒入酱油、水和白糖，再用水淀粉勾芡。

4 倒入炸好的鱼块炒匀，大火煮沸后改小火，待酱汁收干，盛盘即可。

猪骨海带汤

材料（一人份）

海带100克　排骨100克　葱段10克　姜片3片
白醋5毫升　盐10克　米酒5毫升

做法

1 海带洗净，放入温水中泡2小时后，切成丝、过滚水焯烫。

2 排骨洗干净后，放入加盐的热水中汆烫一下。

3 砂锅中放入葱段、姜片、排骨、海带，再加入适量的清水、白醋和米酒，煮沸。

4 转中小火再焖煮40分钟，最后加盐调味即可。

糖醋白菜

材料（一人份）

白菜150克　胡萝卜80克　白糖5克
醋5毫升　盐5克　生粉15克

做法

1 白菜、胡萝卜洗净，切斜片。

2 将白糖、醋、盐、生粉放在小碗里搅拌均匀，调成酱汁。

3 起一锅，加入少许水煸煮白菜，再放入胡萝卜，待胡萝卜熟烂后将酱汁倒入，熬煮入味即可。

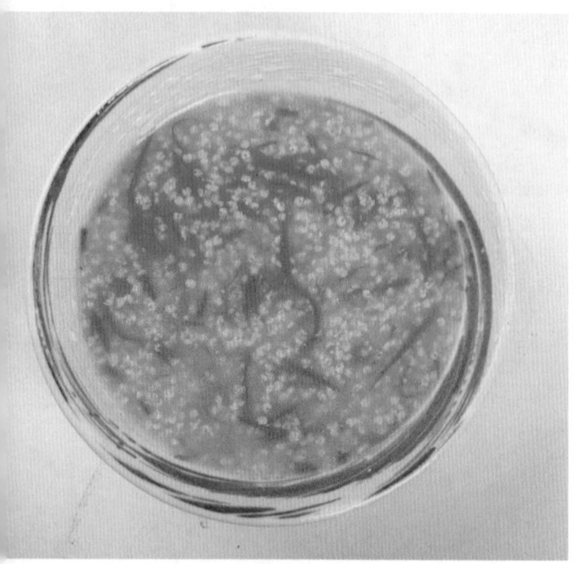

胡萝卜小米粥

材料（一人份）

胡萝卜80克　小米30克　盐5克

做法

1 胡萝卜洗净，刨成丝；小米洗净后，加适量水浸泡。

2 起一水锅，放入胡萝卜丝与小米熬煮至沸腾，再转小火熬煮至小米熟烂。

3 待小米熟烂后，加盐搅拌均匀即可。

腰果木耳西芹 铁

材料（一人份）

木耳50克　竹笋50克　西芹50克
腰果25克　姜15克　盐5克
芝麻油5毫升　食用油5毫升

做法

1 木耳、竹笋洗净，切片；西芹洗净，切斜刀；姜洗净，切片。

2 起油锅，放入姜片爆香，以提升整道菜的香气。

3 加入木耳、笋片及西芹拌炒均匀，待木耳呈现熟烂状态，加入腰果一起拌炒至香味传出。

4 最后加入盐及芝麻油，搅拌均匀即可。

白菜豆腐汤 

材料（一人份）

豆腐200克　香菇3朵　小白菜150克　盐5克

做法

1 香菇洗净后，切下蒂头并一起切块；白菜洗净，切段；豆腐切块，盛盘备用。

2 起一锅水，加入香菇、小白菜一起熬煮，待沸腾后加入豆腐继续熬煮。

3 待小白菜熬煮熟烂后，放入盐搅拌均匀，关火、盛盘即可。

干煎带鱼

材料（一人份）

带鱼1条　食用油适量　面粉5克　葱丝10克
姜片10克　蒜片10克　酱油10毫升　盐2克
醋2毫升

做法

1. 带鱼去头及内脏，洗净后切段，沥干后双面轻拍上面粉，备用。
2. 锅内放油，烧至七分热，带鱼段下锅过油至金黄色后捞出。
3. 锅内留油，先放入葱丝、姜片及蒜片炒香，再放入带鱼段拌炒几下。
4. 最后加入盐、酱油、醋焖烧，煮熟起锅即可。

木耳鲳鱼

材料（一人份）

鲳鱼300克　木耳30克　红辣椒丝5克
姜丝10克　蒜片10克　葱丝5克
盐5克　芝麻油5毫升
酱油10毫升　米酒5毫升

做法

1. 将鲳鱼正反面皆划上花纹，抹上米酒略腌2分钟；木耳洗净，去蒂后切丝备用。
2. 将鲳鱼、姜丝、蒜片、酱油、红辣椒丝、盐、木耳丝一同摆进大碗中，放入蒸锅蒸20分钟，再淋上芝麻油、撒上葱丝即可。

茄汁鹌蛋

材料（一人份）

熟鹌鹑蛋20个　豌豆40克　白糖2克
胡椒粉5克　水淀粉5毫升　姜末10克　蒜末10克
番茄酱15克　葱花10克　食用油5毫升

做法

1. 将白糖、胡椒粉、适量清水以及番茄酱混合，搅拌均匀成酱汁，备用。
2. 油锅烧热，将鹌鹑蛋放入，炸至金黄色、蛋白起小泡，捞起沥油。
3. 另起油锅，放入姜末、葱花、蒜末，炒出香味，再放入豌豆、酱汁、鹌鹑蛋，用水淀粉勾芡即可。

海带鸡汤

材料（一人份）

鸡肉340克　水发海带7片　盐5克
葱花10克　姜片3片　花椒10克
胡椒粉5克　米酒5毫升

做法

1 将鸡肉洗净、切块，过滚水汆烫备用。

2 海带洗净，切成菱形块。

3 锅中注入适量清水，放入鸡块、葱花、姜片、花椒、米酒跟海带，用小火慢炖45分钟，至鸡肉块熟透。

4 撒入盐、胡椒粉拌匀，起锅即可。

六合菜

材料（一人份）

黄豆芽80克　韭菜30克　粉丝30克　豆干2片
猪肉丝50克　鸡蛋1个　葱段10克　姜丝10克
盐5克　生粉5克　酱油5毫升
米酒5毫升　食用油10毫升

做法

1 将洗净的韭菜切段；粉丝泡发；豆干切丝备用。

2 猪肉丝加入米酒、生粉抓腌，备用。

3 热油锅，先放入鸡蛋炒散后，放入肉丝、葱段和姜丝一起爆香。

4 接着放入豆干丝、粉丝，加入适量水和酱油，再加入黄豆芽、韭菜均匀翻炒至熟。

5 最后加入盐调味即可。

白菜豆腐汤

材料（一人份）

豆腐200克　白菜200克　香菇2朵　葱花5克
姜丝10克　培根2片　盐5克　胡椒粉5克
食用油5毫升

做法

1 豆腐、白菜洗净，切块；培根切片；香菇泡水备用。

2 锅内放油，烧至七分热，爆香姜丝。

3 再放入培根片、白菜片，略炒一会后加入适量清水，放入豆腐块、香菇，熬煮。

4 最后加入盐、胡椒粉，装碗后撒上葱花即可。

可乐饼

铁

材料（一人份）

熟土豆500克　面粉30克
猪绞肉50克　面包粉30克　鸡蛋1个
香菇末2朵　食用油适量　胡椒粉10克　盐10克

做法

1 起油锅，炒香香菇末和猪绞肉，加入盐、胡椒粉翻炒，盛盘。

2 熟土豆捣成泥，加入炒好的食材拌匀，做成圆饼状备用。

3 土豆饼依序沾上面粉、蛋液、面包粉，入油锅，炸至金黄即可。

西蓝花鹌鹑蛋汤

铁

材料（一人份）

西蓝花60克　熟鹌鹑蛋10个　鲜香菇3朵
培根2片　盐5克

做法

1 西蓝花除去外围粗纤维后，切小朵，洗净并汆烫；鲜香菇去蒂后，洗净；培根切成丁。

2 将鲜香菇、培根丁放入锅中后，加入适量清水，用大火煮沸。

3 放入熟鹌鹑蛋和西蓝花，煮至西蓝花熟后，加入盐调味即可。

海味时蔬 钙

材料（一人份）

剥壳虾5只　墨鱼70克　鲷鱼片50克　黄椒30克　荷兰豆50克　竹笋80克　姜末10克　淡色酱油15毫升　白糖2克　盐10克　食用油5毫升　米酒5毫升　芝麻油5毫升

做法

1 竹笋去皮，切片；黄椒洗净、去籽和白膜，切成滚刀块；墨鱼和鲷鱼分别洗净，切斜片。

2 沸水中，加入少许盐，按顺序焯烫竹笋、荷兰豆，捞出；接着汆烫虾、墨鱼、鲷鱼片，捞出备用。

3 热油锅，爆香姜末后，先下黄椒以外的蔬菜一起翻炒。

4 再加入海鲜、黄椒、淡色酱油、盐、白糖及米酒一起翻炒。

5 起锅前，滴入芝麻油即可。

海参豆腐煲 

材料（一人份）

海参1只　豆腐200克　胡萝卜30克　小黄瓜30克　姜片3片　盐5克　酱油5毫升　米酒10毫升　蚝油15克　食用油5毫升

做法

1 胡萝卜洗净去皮，小黄瓜洗净，均切片。

2 剖开海参，洗净切段，放入加了5毫升米酒和盐的沸水中汆烫。

3 豆腐切块，入油锅过油。

4 起油锅，爆香姜片，放入豆腐、海参、蚝油、酱油、米酒，加水煨煮。

5 砂锅中放入胡萝卜、小黄瓜，再倒入煨煮好的食材，汤汁煮沸后即可起锅。

西红柿蘑菇炒面

铁

材料（一人份）

蘑菇5朵　猪肉丝50克　盐3克
西红柿100克　罗勒10克　食用油10毫升　原味芝士1片　油面1份
蚝油20克　白糖5克

扫一扫，轻松学

做法

1 蘑菇切片；猪肉丝剁碎；西红柿切小块。

2 起油锅，拌开猪肉末，下蘑菇、西红柿拌炒。

3 加入蚝油、白糖、盐以及50毫升水拌炒均匀，再放入油面炒至收汁。

4 罗勒下锅后，用面条盖住，关火闷一会儿，便可拌匀起锅。

5 盛盘后，放上一片芝士片，让面条热气慢慢将其融化即可。

奶油鲈鱼

铁

材料（一人份）

鲈鱼1条　熟火腿2片　豆苗15克　笋片25克
食用油5毫升　料酒5毫升　盐5克
葱段10克　生粉5克　姜片5片

做法

1 豆苗洗净，对切；火腿切成宽条。

2 鲈鱼洗净，去头、尾，在鱼背上画出刀纹，抹上生粉。

3 起油锅，放入鲈鱼略煎，接着放入葱段和姜片，淋入料酒炝出香气，随即放入适量清水，淹过2/3的鱼身，盖上锅盖焖3分钟，焖至鱼熟。

4 放入笋片、火腿，大火熬煮10至15分钟，再下豆苗和盐略煮即可。

火腿贝壳面

钙

材料（一人份）

意大利贝壳面1份　黑胡椒5克　橄榄油10毫升
玉米30克　洋葱末30克　鲜奶150毫升
面粉70克　火腿丁30克　无盐奶油70克
鲜奶油40克　盐10克

做法

1 热锅后小火融化无盐奶油，分2次倒入面粉，小火拌炒至黏糊状，无结块时加入鲜奶及5克盐，冒泡后关火，再加入鲜奶油搅拌至溶化；贝壳面加盐汆烫备用。

2 起油锅，爆香洋葱，加入火腿丁和玉米炒香。

3 加入贝壳面及5克盐拌炒均匀，盛盘后，撒上黑胡椒增加香气即可食用。

黄花鱼片汤

材料（一人份）

泡开的黄花菜100克　鱼片150克　白玉菇30克　生姜2片　葱花10克　枸杞5克　食用油5毫升　盐5克　米酒5毫升　胡椒粉2克

做法

1 将白玉菇洗净；枸杞洗净后加入热水泡开；生姜与鱼肉切片；黄花菜洗净，切成适当大小的段；葱切成葱花，备用。

2 热油锅，爆香姜片，再放入适量的水，将食材全部放入，煮滚后加入米酒、少许盐与胡椒粉提味。

3 关火后撒上葱花即可。

砂仁鲈鱼

材料（一人份）

鲈鱼1条　砂仁10克　生姜丝10克　葱丝10克　红椒10克　盐15克　料酒15毫升

做法

1 红椒洗净、切丝，和葱丝一起放入冷开水中浸泡；砂仁洗净，沥干，捣成末。

2 鲈鱼去头，在背上划刀，鱼身抹上盐，接着把砂仁末、生姜丝装入鲈鱼腹中，置于大盘、淋上料酒再摆进蒸笼蒸至熟透，最后放上红椒丝和葱丝即可。

丝瓜豆腐鱼头汤

材料（一人份）

丝瓜150克　鱼头1个　盒装豆腐50克　姜片3片　盐15克　米酒5毫升　芝麻油5毫升

做法

1 丝瓜洗净，切条状。

2 豆腐切小块，泡盐水备用。

3 鱼头洗净、去掉鱼鳃，劈成两半。

4 沸水中，加入姜片、鱼头、豆腐、丝瓜，再加入米酒、盐，煮沸后盖上锅盖，焖煮3分钟。

5 最后淋入芝麻油即可起锅。

黄芪红枣鲈鱼

钙

材料（一人份）

鲈鱼1条　黄芪25克　红枣4颗
姜片10克　料酒10毫升　盐5克

做法

1 鲈鱼去鳞、内脏后，洗净、擦干。

2 黄芪洗净；红枣洗净，去核。

3 将鲈鱼、黄芪、红枣、姜片与料酒一同放入炖盅内，倒入沸水，隔水炖煮1小时，最后加盐调味即可。

鱼香排骨

材料（一人份）

排骨200克　泡红辣椒5克　生粉5克
葱末10克　姜丝10克　蒜末10克
米酒5毫升　醋5毫升　白糖5克
食用油适量　酱油5毫升　盐5克

做法

1 将排骨洗净，剁小块，用盐腌15分钟后裹上生粉备用。

2 起油锅，将排骨炸透，捞出后沥油备用。

3 锅中重新倒油烧热，放入姜丝、蒜末爆香，接着加入泡红辣椒、酱油、醋、白糖、米酒翻炒。

4 等油转红后，再放入排骨翻炒，熟后收汁、撒上葱末即可。

黑胡椒蘑菇面 铁

材料（一人份）

洋葱75克　蘑菇10朵　蒜末15克　乌龙面1份　食用油10毫升　黑胡椒15克　蚝油15克　番茄酱20克　白糖10克

扫一扫，轻松学

做法

1 洋葱一半切丝，另一半切末；蘑菇切片。

2 起油锅，放入蒜末、洋葱末，中火爆香，再加入蘑菇拌炒。

3 放入黑胡椒、耗油、番茄酱、白糖及适量水，拌炒均匀。

4 炒至收汁，放入面条拌散以吸附酱汁，再放入洋葱丝、适量水，拌炒至沸腾即可。

西红柿肉丝炒粄条

材料（一人份）

洋葱50克　红椒50克　包菜80克　肉丝50克　粄条1份　西红柿高汤100毫升　盐5克　白胡椒5克　食用油10毫升

做法

1 洋葱、红椒切丝；包菜切片。

2 起油锅，将洋葱丝、红椒丝与包菜片炒软、炒香。

3 加入肉丝拌炒至熟色。

4 最后放入西红柿高汤、白胡椒、盐与粄条，炒至收汁即可。

蒜苗腊肉炒面

材料（一人份）

腊肉50克　包菜50克　洋葱30克　蒜苗15克　细面1份　乌醋5毫升　白胡椒粉5克　白糖2克

做法

1 洋葱、包菜切丝；蒜苗斜切薄片；腊肉切薄片；面条汆烫备用。

2 热油锅，爆香洋葱与蒜苗，放入包菜、腊肉拌炒均匀。

3 待包菜呈现熟色后，加入白胡椒粉、白糖调味，并放入面条拌匀。

4 起锅前加入乌醋即可。

小白菜猪肉片 铁

材料（一人份）

猪肉50克　小白菜150克　生姜4片　盐5克
食用油5毫升　芝麻油5毫升　酱油5毫升

做法

1 猪肉切成适当片状后，加入酱油腌渍15分钟。

2 小白菜洗净，切段；生姜洗净、去皮，切成细丝备用。

3 热油锅，将姜丝放入爆香，再加入猪肉片拌炒至八分熟，接着放入小白菜炒熟。

4 撒上盐炒匀后起锅，拌入芝麻油即可。

茄子猪肉

材料（一人份）

茄子1条　猪肉60克　酱油5毫升
葱15克　米酒10毫升　生粉5克
白糖5克　食用油5毫升　味噌8克

做法

1 猪肉切片，放入酱油、生粉和5毫升米酒，腌渍20分钟。

2 茄子洗净，切长形不规则状；将5毫升米酒和味噌、白糖、适量水调匀成酱汁。

3 热油锅，放入所有食材炒熟，最后下酱汁翻炒入味即可。

芹菜猪肉水饺

材料（一人份）

饺子皮500克　芹菜300克　五花肉300克
酱油30毫升　芝麻油30毫升　姜末20克
盐5克

做法

1 芹菜刮去粗纤维，洗净后切丁，挤出汁来分成芹菜汁和芹菜丁备用；五花肉洗净后剁末。

2 肉末放碗中，加入芹菜汁、适量水、芹菜丁、酱油、芝麻油、姜末、盐搅拌成馅，放入冰箱冷藏20分钟，取出包入饺子皮中，做成饺子。

3 取一锅，加水煮沸后，将饺子煮熟即可。

蒜苗炒肉 铁

材料（一人份）

蒜苗120克　猪肉片130克　食用油5毫升　酱油15毫升　芝麻油5毫升　白糖10克　辣椒10克

做法

1. 将猪肉片洗净、切丝，加入白糖和酱油，腌渍10分钟。
2. 蒜苗洗净后，蒜白切斜刀、蒜绿切段，备用。
3. 锅内放入适量油，烧热后，将瘦肉片放入锅内翻炒至肉色泛白，捞出备用。
4. 锅底留一点油，先爆香蒜白、辣椒，接着放入猪肉片、酱油和白糖，翻炒几下后，再下蒜绿一起炒匀。
5. 起锅前，加入芝麻油即可。

香菇扣肉

材料（一人份）

猪肉片140克　香菇4朵　鸡蛋2个　食用油5毫升　酱油5毫升　米酒5毫升

做法

1. 香菇洗净、泡开，对半切片，排入碗中。
2. 鸡蛋煮成水煮蛋，剥去壳，用酱油、米酒浸泡10分钟后，下油锅炸一下再取出，切成数瓣，放入排好香菇片的碗中。
3. 将猪肉片洗干净，接着放入碗里。
4. 将装食材的碗放入蒸锅中，蒸10分钟，取出碗后将食材倒扣在盘中。
5. 起油锅，放入蒸好食材的汤汁、香菇水，煮开后，将酱汁淋在食材上即可。

花生猪蹄汤

铁

材料（一人份）

猪蹄3小块　花生仁60克　生姜10克　香菇5朵
盐10克　米酒10毫升　胡椒粉10克

做法

1 花生仁放入温水泡1小时，至泡透；香菇洗净，浸泡备用；生姜切片。

2 煮一锅滚水，将猪蹄放入汆烫去血水后，捞起备用。

3 取一汤锅，放入全部食材，加入米酒、胡椒粉和足以淹过食材的清水，用小火炖煮30分钟。

4 起锅前，加入盐调味即可。

炒姜丝肉

铁

材料（一人份）

猪瘦肉150克　青椒25克　木耳50克　食用油5毫升　酱油15毫升
白糖2克　姜丝10克

做法

1 猪瘦肉洗净，切细丝，用酱油拌匀。

2 青椒洗净，除去蒂和籽；木耳洗净去蒂头，分别切成丝备用。

3 锅内放油烧热后，下肉丝炒开，再加入姜丝、木耳翻炒几下。

4 倒入酱油、白糖和水煨煮一下，再放入青椒炒匀即可。

椒盐里脊

铁

材料（一人份）

猪里脊200克　干辣椒5克　花生30克　蛋黄1个
葱花10克　胡椒10克　盐10克　食用油适量
米酒10毫升　生粉15克　蒜末10克

做法

1 里脊肉洗净、切条，用5克盐、胡椒、米酒和蛋黄腌渍，再裹上生粉，下油锅，炸酥。

2 锅底留少许油，爆香蒜末、葱花、干辣椒后，下胡椒、盐调味，再放入炸好的里脊条，快速拌炒。

3 起锅前，加入花生和米酒即可。

虾仁洋葱蛋

材料（一人份）

虾仁50克　洋葱130克　鸡蛋1个　盐5克　葱花10克　食用油5毫升

做法

1 洋葱洗净，去皮、切丝；虾仁挑出肠泥后洗净备用。

2 鸡蛋打散，先煎成蛋花块，出锅备用。

3 热油锅，放入洋葱、虾仁翻炒，加入少许清水、盐，再放入蛋花块，煮至洋葱呈透明色。

4 最后撒上葱花即可。

核桃蛋花汤

材料（一人份）

核桃15克　鸡蛋1个　食用油5毫升　盐5克

做法

1 将核桃连壳放入清水里清洗，加入100毫升清水，放入榨汁机搅烂，备用。

2 取汤锅，加适量清水，放入核桃煮半小时，去渣取汁，备用。

3 将核桃汁放入锅里，打入鸡蛋拌匀。

4 开火煮沸，点入食用油、盐调味即可。

三杯杏鲍菇

材料（一人份）

杏鲍菇370克　罗勒20克　蒜头10克　姜片10克　芝麻油15毫升　酱油15毫升　白糖20克　米酒5毫升　白胡椒粉5克　食用油适量

扫一扫，轻松学

做法

1 杏鲍菇洗净，切滚刀块；蒜头洗净，去皮；罗勒挑拣洗净后，沥干备用。

2 热油锅，放入杏鲍菇炸去多余的水分，捞起沥油备用。

3 砂锅中下芝麻油及少许食用油，用小火加热，放入蒜头、姜片爆香。

4 待姜片煸干后，加入酱油、白胡椒粉、白糖、杏鲍菇，转大火搅拌均匀，再加入罗勒，盖上锅盖，焖30秒后，从锅缘下米酒，揭盖起锅即可。

菠菜鸡蛋

材料（一人份）

菠菜300克　鸡蛋2个　蒜末10克　盐5克　酱油5毫升

做法

1 菠菜挑拣后洗净，切段；鸡蛋打在碗中搅散。

2 烧一锅滚水，加少许盐，放入菠菜烫一下即可捞起。

3 起油锅，将蛋液炒熟后，取出备用。

4 原锅中加少许油烧热，爆香蒜末，倒入菠菜快炒，再加盐、酱油翻炒，最后倒入炒好的鸡蛋，翻炒均匀即可。

肉丝银芽汤

材料（一人份）

黄豆芽100克　猪肉50克　粉丝25克　盐5克　食用油5毫升　米酒5毫升

做法

1 将猪肉洗净，切丝；黄豆芽洗净后沥干水分，备用。

2 起油锅，放入黄豆芽、肉丝，均匀翻炒，接着加入米酒和盐提味。

3 再倒入热水，煮滚后放入粉丝，盖锅盖，转小火焖煮5至10分钟，至黄豆芽熟透即可。

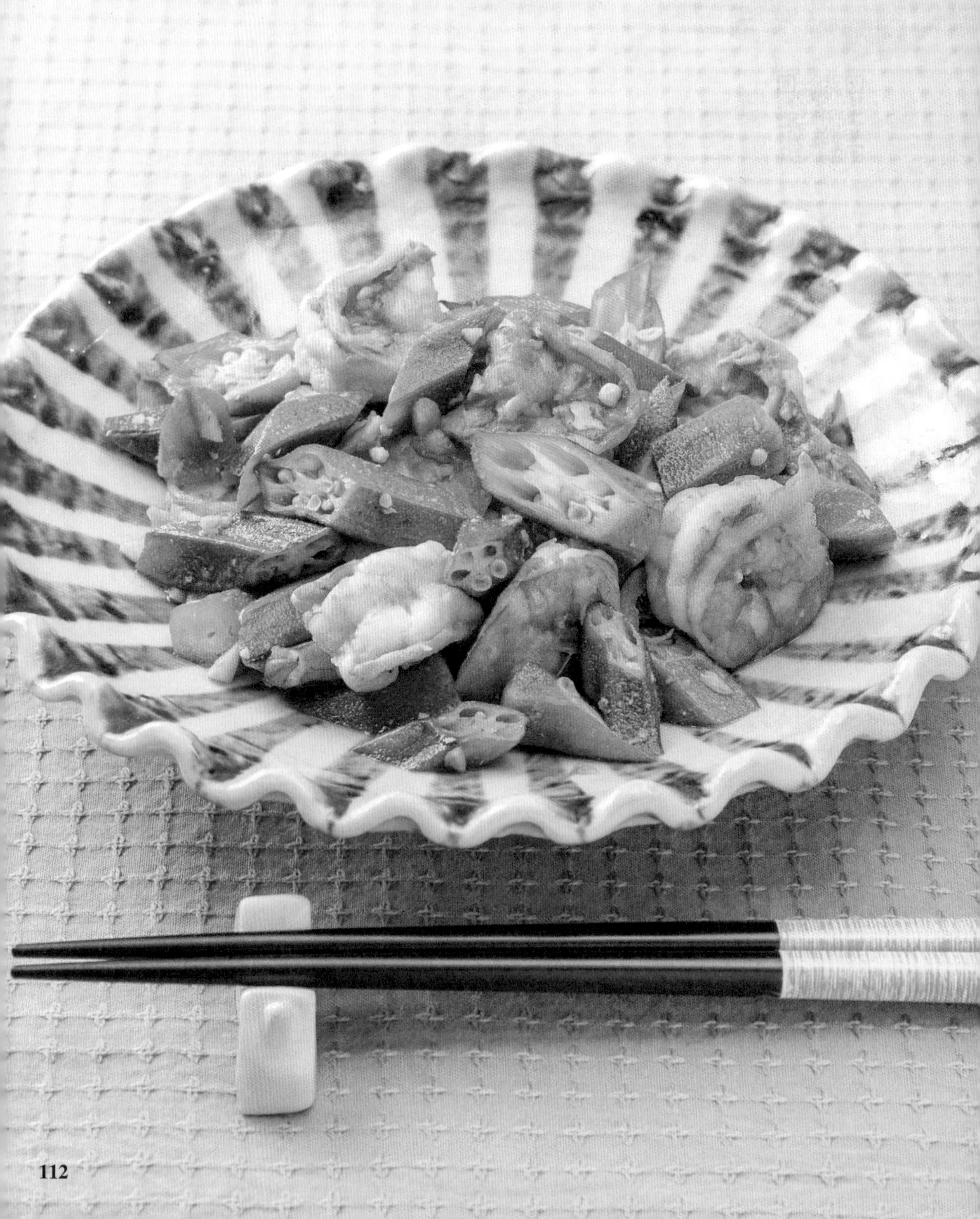

秋葵炒虾仁

材料（一人份）

秋葵130克　白虾150克　姜2片
蒜末10克　鲣鱼酱油15毫升
盐5克　食用油适量

扫一扫，轻松学

做法

1 秋葵洗净，去蒂头，切小段；白虾去肠泥及壳，洗净后剖背。

2 热油锅，放入虾仁，煎至微香后，盛起备用。

3 原锅直接爆香姜片、蒜末，放入虾仁和秋葵，加盐和鲣鱼酱油调味，拌炒均匀即完成。

山苏炒小鱼干

材料（一人份）

山苏300克　小鱼干30克　蒜末10克
豆豉10克　食用油适量　芝麻油适量

做法

1 山苏洗净，将较粗的茎撕除；小鱼干洗净；豆豉泡水去除多余盐分后，取出沥干备用。

2 热油锅，放入蒜末、豆豉爆香，再放入小鱼干炒香。

3 加入山苏用大火快炒，炒至山苏熟透，表面看起来油油亮亮，起锅前淋上芝麻油即可。

蚝油鸡柳

材料（一人份）

鸡胸肉条350克　木耳片40克　黄甜椒丝50克
秋葵50克　姜末5克　蒜末5克　米酒10毫升
盐10克　生粉5克　蚝油5克　白糖5克

做法

1 鸡胸肉加入5克盐、5毫升米酒以及生粉拌匀，腌渍5分钟入味；秋葵洗净，去蒂头。

2 烧一锅滚水，加少许盐，焯烫木耳、秋葵、黄甜椒，捞出沥干备用。

3 热油锅，放入鸡肉炒至八分熟后，推到锅边，加入姜末、蒜末爆香，再加入蚝油、白糖以及剩余米酒、盐一起翻炒，接着加少量水和焯烫好的蔬菜拌炒均匀，收汁即可盛盘。

醋熘包菜

材料（一人份）

包菜200克　白糖2克　醋5毫升　葱花10克
姜丝10克　干红辣椒5克　盐10克
水淀粉5毫升　食用油5毫升

做法

1 将包菜洗净、切块后，用5克盐略腌3分钟；干红辣椒洗净、沥干，切段备用。

2 取一碗，将盐、白糖、醋、葱花、姜丝以及水淀粉放入，调成料汁备用。

3 锅中倒入油烧热，放入红辣椒段煎成褐红色，接着放入包菜，用大火炒熟，再倒入料汁炒匀即可。

花菜彩蔬小炒

维生素D

材料（一人份）

花菜120克　胡萝卜末5克
玉米粒10克　青椒丁10克　盐5克
红椒丁10克　水淀粉5毫升

做法

1 花菜洗净后，取小朵；所有蔬菜焯烫、沥干后摆盘。

2 起油锅，下胡萝卜末、玉米粒，接着加入盐，用大火翻炒，放入青椒丁、红椒丁，翻炒后起锅。

3 将水淀粉淋于花菜围边上，再将炒好的彩蔬放在盘中央即可。

烩三鲜

材料（一人份）

鸡胸肉100克　胡萝卜丁100克
碗豆25克　西红柿丁100克　蛋白20克
米酒5毫升　盐5克　高汤200毫升

做法

1 鸡胸肉洗净，切成小丁，与蛋白放在一起拌匀，备用。

2 起水锅，放入高汤、豌豆、胡萝卜丁、西红柿丁一起熬煮至沸腾。

3 用筷子将鸡肉泥拨进锅内，待锅中再次沸腾后，放入盐、米酒拌炒均匀，即可起锅食用。

海带炖鸡

材料（一人份）

乌骨鸡300克　干海带50克　米酒5毫升
葱花10克　姜片2片　盐5克
花椒10克　胡椒粉10克

做法

1. 海带泡发后洗净，切菱形块。
2. 取一汤锅，注水烧开，将乌骨鸡肉切块后放入，用大火再次煮滚，捞去浮沫。
3. 接着加入葱花、姜片、花椒、胡椒粉、米酒和海带，转中火。
4. 待炖至鸡肉软烂时，撒入盐，拌匀即可起锅。

椒盐柳叶鱼

材料（一人份）

柳叶鱼5只　柠檬1个　盐5克　米酒5毫升
胡椒粉5克　蛋黄1个　芝士粉30克
生粉15克　食用油适量

做法

1. 柳叶鱼洗净，加入盐、米酒、胡椒粉，腌渍一下；将蛋黄、芝士粉、生粉加水调成粉糊。
2. 柳叶鱼裹上粉糊，下锅油炸至外皮呈金黄色，盛起沥油、装盘。
3. 柠檬洗净、切片，食用柳叶鱼前挤上柠檬汁即可。

什锦凉粉 铁

材料（一人份）

猪瘦肉200克 凉粉100克 火腿丝50克
黄瓜50克 胡萝卜50克 姜丝10克 蒜末10克
盐5克 食用油适量 生粉15克

做法

1 将瘦猪肉洗净、切丝，用生粉均匀上浆；凉粉切条；胡萝卜洗净后，去皮、切丝；黄瓜洗净，切丝。

2 热油锅，在温油中放入肉丝，滑油捞出。

3 另起油锅，放入姜丝、肉丝炒匀，盛入盘中后盖上凉粉，加入蒜末、火腿丝、黄瓜丝、胡萝卜丝、盐，拌匀即可。

酱炒白菜回锅肉 钙

材料（一人份）

白菜300克 熟五花肉150克
姜末10克 葱末10克 食用油5毫升
豆瓣酱10克 米酒5毫升 白糖5克
酱油20毫升 水淀粉10毫升

做法

1 将白菜洗净，逐叶剥开切片；熟五花肉切大片。

2 起油锅，放入姜末、葱末爆香，放入豆瓣酱炒出红油，加入白菜片、肉片、米酒、酱油、白糖、清水翻炒，最后用水淀粉勾芡后起锅即可。

红烧猪蹄 铁

材料（一人份）

猪蹄1个 竹片数节 香葱10克 姜片10克
白糖10克 酱油30毫升

做法

1 将猪蹄刮干净，用刀直线画开至骨头露出，入沸水锅中熬煮2分钟后捞出；香葱打结。

2 取砂锅，内放竹片垫底，猪蹄皮向下放在竹片上，加入葱结、姜片、酱油、白糖及水，水与肉面平，用大火煮滚后捞出浮沫，盖上锅盖，改用小火焖约1小时。

3 将猪蹄翻面，使皮向上，熟烂时取出即可。

紫菜蛋卷

材料（一人份）

猪绞肉100克　鸡蛋3个　韭菜20克
盐10克　紫菜1张　米酒5毫升
芝麻油5毫升　葱末10克　姜末10克
胡椒粉5克　食用油适量

做法

1. 韭菜洗净，切末。
2. 猪绞肉放入盆内，放入5克盐、米酒、芝麻油、胡椒粉、韭菜末、葱末、姜末和蛋液（1个鸡蛋），搅匀备用。
3. 取2个鸡蛋打散，放入5克盐，倒入油锅中煎成完整的鸡蛋皮。
4. 将猪肉韭菜馅放在蛋皮上抹平，上面再放1张紫菜，卷起制成蛋卷。
5. 紫菜蛋卷放入盘中，入蒸锅隔水蒸10分钟至熟透，取出后切片即可。

蛋黄炒南瓜

材料（一人份）

南瓜200克　咸鸭蛋黄2个　食用油15毫升
盐5克　葱花10克

做法

1. 南瓜洗净、去皮和籽，切成厚片。
2. 取一碗，将咸鸭蛋黄捣碎。
3. 起油锅，待热至六成热时，放入蛋黄不停拌炒，炒至蛋黄冒泡。
4. 接着放入南瓜、葱花、盐，和蛋黄一起炒匀即可。

煎蛋卷 维生素D

材料（一人份）

鸡蛋2个　海苔片1张　洋葱末5克　葱花5克
胡萝卜末5克　盐5克　食用油10毫升

做法

1 海苔片对切；鸡蛋打散，加入洋葱末、胡萝卜末、葱花、盐，搅拌均匀。

2 起油锅，倒入1/3混合好的蛋液，放上半张海苔片，慢慢卷起来，卷一半后再倒入1/3蛋液，放入剩下的半张海苔片，继续卷起来，卷完后倒入剩下的蛋液，一样卷起来，卷好后，取出切厚片即完成。

韩式炒乌龙

材料（一人份）

韩式泡菜50克　猪肉片50克
蒜头20克　乌龙面1份　酱油20毫升
韩式泡菜汁20毫升　食用油适量

做法

1 蒜头洗净，切末备用。

2 起油锅，爆香蒜末，再放进猪肉片煎至一面微焦。

3 放入韩式泡菜、韩式泡菜汁，拌炒至猪肉片两面皆呈现熟色。

4 下乌龙面拌炒，使酱汁沾附在面条上，再下酱油拌炒均匀即可。

什锦猪肝面

材料（一人份）

胡萝卜40克　木耳40克　洋菇40克　猪肝50克
油面1份　高汤200毫升　米酒5毫升　盐5克
芝麻油5毫升

做法

1 面条汆烫备用；胡萝卜、木耳、洋菇切片。

2 猪肝洗净至无血水，切成薄片，用米酒腌渍15分钟备用；起一锅水，沸腾后放入猪肝片，汆烫10秒后捞起，用冷开水洗净猪肝备用。

3 锅中加入高汤、胡萝卜、木耳、洋菇煮沸，加入面条继续熬煮，最后加入猪肝、盐以及芝麻油搅拌均匀，3分钟后关火即可。

红酱对虾意大利面

钙

材料（一人份）

西红柿500克　洋葱50克　蒜头40克　橄榄油10毫升　意大利扁面1份　对虾4只　盐10克　罗勒30克　盐5克　米酒10毫升

做法

1 洋葱、蒜头洗净，切丁；罗勒切碎；对虾洗净；意大利面加盐汆烫备用。

2 西红柿去蒂后画十字，待水煮开将西红柿放入其中，皮掀起即捞出、去皮；再将西红柿分为四等份，挖出籽与瓤，只留果肉切丁；用5毫升橄榄油小火爆香洋葱、蒜头，洋葱丁变透明后加入西红柿丁拌炒，再放入水及罗勒熬煮15分钟即成红酱。

3 虾背上划一刀后去肠泥，先用盐、米酒充分抓匀，再腌10分钟。

4 起油锅，将虾煎至表皮微焦、虾肉呈现熟色，加入意大利扁面、红酱拌炒2分钟，再加盐调味后盛盘，最后放上对虾即可。

南瓜面疙瘩

材料（一人份）

南瓜60克　中筋面粉160克　空心菜80克　洋葱30克　胡萝卜10克　木耳30克　蒜头5克　盐5克　蚝油15克　黑醋5毫升

做法

1 南瓜洗净，蒸熟后去籽、去皮，压泥后放凉备用；将南瓜泥与中筋面粉、盐揉搓成南瓜面团，醒面30分钟；另煮锅滚水，取南瓜面团揉成面疙瘩后下锅，煮至浮起便可捞出。

2 空心菜洗净，切段；洋葱、胡萝卜去皮，切丝；木耳去蒂头，切丝；蒜头拍碎。

3 起油锅，爆香蒜头后，加入洋葱、木耳、胡萝卜一起炒香。

4 食材炒软后，加入蚝油、黑醋及盖过食材的清水大火熬煮，沸腾后加入南瓜面疙瘩及空心菜一起熬煮，空心菜煮熟即可。

孕期五、六月阳光孕动

腹背肌运动

加强腹背肌运动，可松弛腰关节，增强背部力量，伸展盆骨肌肉，帮助两腿在分娩时能很好地分开，顺利娩出胎儿。

1 挺直背部，盘腿而坐，两臂上举，掌心相对，深呼吸，手臂向上伸展。

2 十指交叉，手臂向外翻转，掌心朝外，身体向左侧弯曲伸展。

3 身体再向右侧弯曲伸展。每天早晚各做3分钟。

猫式

此练习可以柔韧、强壮脊柱，特别是腰椎，可有效缓解孕妈妈腰酸背痛的困扰，还能强壮神经系统，改善血液循环。

1 跪于垫子上，成四角板凳状。双手分开与肩同宽，双膝分开与髋同宽，重心置于双手和双腿之间。

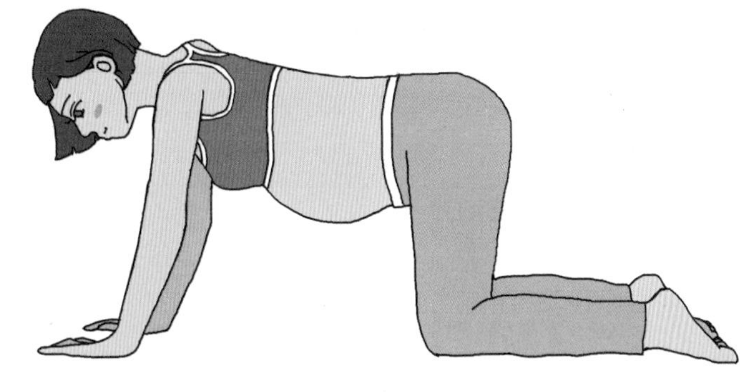

2 吸气，抬头挺胸，塌腰提臀，眼睛看向天花板，伸展整个背部。

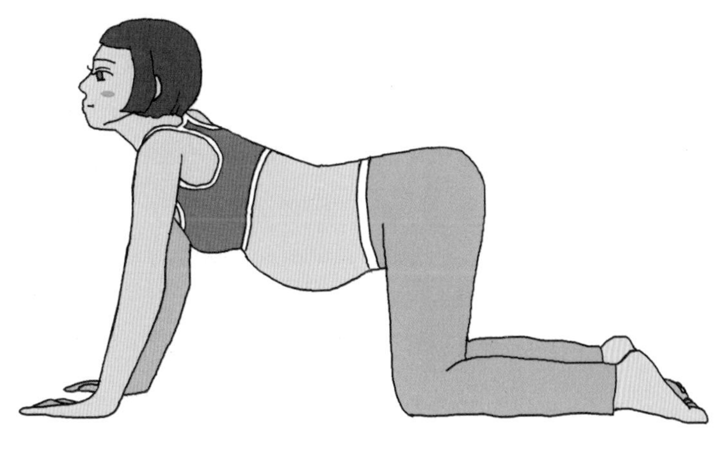

3 呼气，弯胸低头，脊柱向上隆起，眼睛看向收紧的腹部。重复此式3到5次。

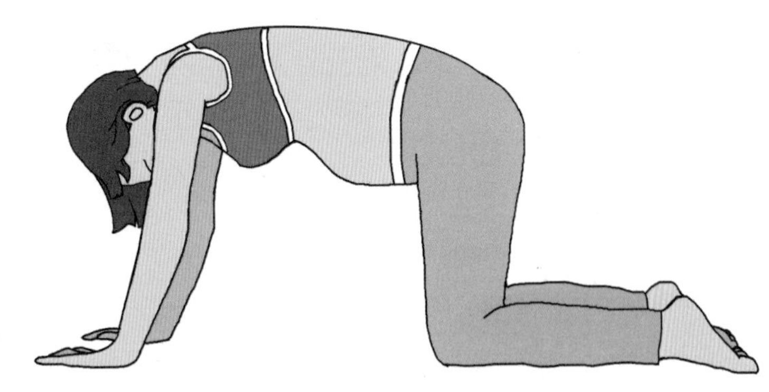

4 恢复到起始姿势，吸气、抬头、向后抬起左腿与地面平行，保持2~3个呼吸；再呼气时，恢复到起始姿势，稍作休息，做另一边。

part 5

孕期七、八月

精选食谱&阳光“孕”动

脑磷脂、卵磷脂、DHA、EPA等被合称为“脑黄金”，能转化为胎儿脑部、视网膜发育的必需脂肪酸；碳水化合物摄取充足，则可以避免胎儿酮症酸中毒或蛋白质缺乏。孕妈妈在七、八月孕期需补充足够的“脑黄金”与碳水化合物，才能确保自己与宝宝的健康。快来看看单元最末的瑜伽运动，跟着一起做，孕妈妈不仅美丽更健康！

7月 孕期所需营养：“脑黄金”

对人体十分重要的不饱和脂肪酸，包含脑磷脂、卵磷脂、DHA及EPA等，被统称为“脑黄金”。“脑黄金”是维持神经系统细胞生长的重要成分之一，大脑及视网膜的构成多半靠它，其中，大脑皮层中含量高达20%，视网膜中所占比例最大，约有50%，对宝宝的智力、视力发展尤为重要。

妊娠七月，孕妈咪必须补充足够的“脑黄金”，不仅能够预防早产、增加胎儿重量、避免胎儿发育迟缓，更对胎儿的智力及视力发育都有很大的帮助。

其中，DHA被人体吸收以后，绝大部分会进到细胞膜中，并集中在视网膜或大脑皮质中，进而组成脑部视网膜的感光体。

组成大脑皮质的要素之一便是感光体，其对脑部及视网膜发育具有重要功能。一般成人可以靠必需脂肪酸转化出DHA，但胎儿却无法如此，一定得从母体从饮食中摄取转化后的营养素中来吸收脑黄金，因此，孕妈妈必须确认自己是否从饮食中获取足够的脑黄金。

缺乏“脑黄金”，对母体与胎儿都会造成影响，胎儿的脑细胞膜和视网膜中的脑磷脂容易不足，严重者甚至可能造成流产。

虽说摄取足够的“脑黄金”对孕妈妈十分重要，但摄取过多，仍会造成不良后果，可能影响孕妈妈的免疫及血管功能，并且因为摄取过多热量，造成身体的负担。

8月 孕期所需营养：碳水化合物

好的碳水化合物来源多半是植物性食物，除了提供碳水化合物以外，还能提供纤维、维生素、矿物质与植化素等营养，全谷类、豆类、蔬菜与水果等食物都是好的碳水化合物来源。

进入妊娠八月，孕妈妈需要特别注意碳水化合物的摄取，这个阶段因为胎儿开始在肝脏及皮下储存脂肪，因此需要从母体摄取足够的碳水化合物，若是摄取不足，可能导致酮症酸中毒或蛋白质缺乏。

碳水化合物是胎儿每日新陈代谢的必需营养素，若是缺乏，可能造成母体与胎儿的不良影响。前者由于血糖含量降低，导致肌肉疲乏无力、身体虚弱以及心悸等症状，严重者还可能产生妊娠期低血糖昏迷。后者造成脑细胞所需葡萄糖供应减少，大幅减弱胎儿的记忆、学习及思考能力。

碳水化合物最佳及最主要来源正是每餐主食，孕妈妈在饮食上必须定时定量，才能维持正常的血糖指数，供给胎儿新陈代谢所需营养素，帮助其正常生长。但若摄取过多，则容易导致母体肥胖，反而造成身体的负担。

山药鱼头汤 

材料（一人份）

鱼头1个
山药150克
豌豆苗50克
海带结50克
姜片3片
食用油5毫升
盐5克
胡椒粉5克
米酒5毫升

做法

1 山药去皮后洗净，切块；豌豆苗对切备用。

2 锅内倒油烧热后，下鱼头煎至两面微黄。

3 放入姜片、米酒、山药、海带结和适量热水，用大火煮沸后，加入盐和胡椒粉调味。

4 等鱼头熟后放入豌豆苗，煮熟后即可。

营养小叮咛

鱼头除蛋白质含量较高外，还富含磷、铁等元素；山药能助消化、补虚劳、益气力、滋养脾胃，并有缓泻祛痰等作用。因此，此菜可有效帮助孕妈妈强健体能、补充体力。

虱目鱼米粉

材料（一人份）

虱目鱼肚1块　米粉1份
姜丝20克　芹菜末30克
葱段20克　食用油10毫升
米酒20毫升　盐5克

扫一扫，轻松学

做法

1 将虱目鱼肚片成小块。
2 锅中注油烧热，放入虱目鱼肚煎香，以鱼肉那面下锅，可以减少喷溅。
3 下葱段、姜丝爆香，再放入米酒去腥，加热开水、米粉及一半芹菜末熬煮。
4 最后放入盐调味，盛盘后撒上另一半芹菜末即可。

清蒸黄鱼

材料（一人份）

黄鱼1条　辣椒40克　米酒5毫升　姜片5片
葱1支　盐5克　食用油适量

做法

1 黄鱼处理干净、洗净，抹上米酒腌渍。
2 再将姜片铺在鱼上，放入蒸锅中，用大火蒸熟，取出备用。
3 辣椒洗净、去籽和头尾，葱洗净，均切丝后放入冷开水中浸泡备用。
4 将葱丝、辣椒丝铺在蒸熟的鱼身上，撒上盐、淋上热油即可。

橙香鱼排

材料（一人份）

鲷鱼130克　橙子2个　红椒50克　竹笋90克
盐10克　生粉15克　水淀粉适量　食用油适量

做法

1 将鲷鱼清理干净，取鱼肉，切成薄片，抹上盐腌渍后，裹上生粉，入油锅炸至金黄色，捞出备用。
2 竹笋、红椒分别洗净，切片。
3 橙子取出果肉，切小块。
4 锅中留少许油，放入橙子、竹笋和红椒，加入些许清水和盐调味。
5 最后用水淀粉勾芡，放入鱼片翻炒均匀即可。

红豆燕麦粥

碳水化合物

材料（一人份）

红豆100克　燕麦50克　红糖45克

做法

1 将红豆洗净后，浸泡约6小时。

2 将燕麦清洗好，备用。

3 锅中加入400毫升的水，放入浸泡过的红豆，用大火煮沸后，再用中火煮30分钟至1小时，接着加入燕麦，继续煮15分钟。

4 最后依个人口味加入适量的红糖，搅拌均匀后即可食用。

香菇鱼片粥

材料（一人份）

鲷鱼50克　芹菜末10克　白米饭150克　红枣3个　香菇6朵　芝麻油5毫升　盐5克　姜丝10克　胡椒粉2克　食用油5毫升

做法

1 红枣去核，和香菇分别洗净后备用；鲷鱼洗净，切斜刀片。

2 起油锅，爆香姜丝后，放入香菇、红枣、适量清水、白米饭和盐，熬煮5分钟。

3 接着再加入鱼片、胡椒粉、芹菜末与芝麻油，搅拌一下即可。

当归枸杞面线

材料（一人份）

面线30克　当归5克　枸杞5克　芝麻油5毫升　盐5克

做法

1 将面线放入沸水中，煮熟。

2 砂锅中加入清水、当归和枸杞，煮至味道出来后，再放入面线。

3 滴入芝麻油，加盐调味即可。

鱼肉胡萝卜汤 脑黄金

材料（一人份）

胡萝卜80克　鲷鱼肉90克　芋头50克
上海青菜心30克　盐5克　米酒5毫升
姜末10克　食用油5毫升　芝麻油5毫升
胡椒粉5克

做法

1 鲷鱼肉切斜刀，片成鱼片，备用。
2 胡萝卜洗净、去皮，切片。
3 芋头刷去外层泥后，削皮、洗净，再切成片。
4 上海青菜心洗净，切片。
5 起油锅，先爆香姜末，接着加入胡萝卜、芋头、清水，以及盐、鱼片、胡椒粉、上海青菜心、米酒、芝麻油，一同熬煮。
6 煮至食材熟透入味即可。

清炖珍珠斑 

材料（一人份）

珍珠斑一尾　小干香菇25克　香菜末10克
葱末10克　姜末10克　食用油15毫升　盐5克

做法

1 将珍珠斑去鳃和鳞、清除内脏，洗净，并在鱼身上切花备用。
2 干香菇用温水泡发，洗净后切丝，香菇水留着备用。
3 热油锅，放入鱼，煎至两面微黄。
4 接着放入葱末、姜末、香菇、盐，倒入适量清水，再放入泡香菇的水，煮约15至20分钟，撒上香菜末即可。

小卷面线

材料（一人份）

小卷6只　葱3根　姜3片
面线1份　米酒30毫升
盐5克　胡椒5克
乌醋5毫升　芝麻油5毫升

扫一扫，轻松学

做法

1 葱切段；姜切丝；面线汆烫备用，去除杂质及咸度即可捞起，无需熟透。

2 起油锅，爆香葱段、姜丝，下小卷炒香，加米酒增香。

3 加入250毫升水、盐一起熬煮，再放入面线烹煮入味。

4 均匀放入乌醋、芝麻油调味，起锅前下胡椒增香即可。

莲藕排骨汤

材料（一人份）

莲藕80克　排骨150克　红枣6个　生姜15克
盐5克

做法

1 莲藕洗净、去皮，切成小块。

2 红枣洗净；生姜洗净、去皮，切片备用。

3 排骨放入滚水中汆烫，去血水后捞起备用。

4 将所有食材放入锅中，加适量清水和盐。

5 煮滚后转小火，炖煮1小时，至莲藕熟软后，再加入盐调味即可。

煮藕片

材料（一人份）

莲藕300克　酱油10毫升　白糖5克　盐适量
芝麻油5毫升　芝麻5克　食用油适量

做法

1 将莲藕削皮之后，切成薄片，然后放在加有盐的沸水中汆烫，捞出备用。

2 热油锅，放入莲藕，加入酱油、白糖，再加入少许的水，稍收干汁后，滴入芝麻油，即可盛盘，再撒上芝麻即可。

火腿沙拉

碳水化合物

材料（一人份）

火腿150克　鸡蛋2个　胡萝卜50克　盐2克　黄瓜50克　沙拉酱20克　胡椒粉2克

做法

1 将胡萝卜洗净、去皮，蒸熟后切丁；黄瓜洗净、切丁，焯水；火腿切丁；鸡蛋煮熟，挖去蛋黄另置，取蛋白切丁，备用。

2 将蛋黄和沙拉酱拌匀至滑顺无颗粒。

3 将胡萝卜丁、黄瓜丁、火腿丁、蛋白丁放入大碗中，加入蛋黄色拉酱、盐、胡椒粉调味，拌匀即可。

小米蒸排骨

材料（一人份）

猪小排250克　小米100克　冰糖5克　米酒10毫升　甜面酱15克　葱花10克　豆瓣酱15克　食用油5毫升

做法

1 猪小排洗净后切块；小米洗净，泡入清水30分钟备用。

2 将甜面酱、豆瓣酱、冰糖、米酒、食用油拌匀成酱料。

3 将排骨沾满酱料，再沾上小米，放进盘内，再将剩余酱料倒入盘底，放进蒸锅中蒸熟，撒上葱花即可。

火腿煎饼

材料（一人份）

火腿片100克　面粉140克　玉米粉70克　鸡蛋1个　盐2克　白糖2克　食用油5毫升

做法

1 将面粉、玉米粉、盐、白糖及300毫升水混合，搅拌成面糊。

2 火腿片切丝，放入面糊里，再打入鸡蛋，搅拌均匀。

3 热油锅，平均地放入面糊，用小火煎成两面金黄色的圆薄饼，起锅切成三角形即可。

冰糖五彩玉米羹 碳水化合物

材料（一人份）

豌豆30克　鸡蛋1个　山药30克　冰糖5克
玉米粒50克　枸杞5克　水淀粉5毫升

做法

1 山药洗净后去皮、切丁；豌豆洗净。

2 锅中加入100毫升清水，接着放入玉米粒、山药丁、豌豆以及冰糖，煮至山药熟透。

3 加入水淀粉勾芡，使汁变浓，再加入枸杞拌匀。

4 将鸡蛋打散，倒入锅内煮成蛋花，待煮沸即可。

木耳粥

材料（一人份）

木耳20克　白米粥150克　红枣3个　冰糖10克

做法

1 木耳放入清水中浸泡4小时，泡发后去蒂、洗净，撕成小片备用。

2 红枣洗净、去核，和白米粥、适量清水一起放入锅中，用大火熬煮。

3 煮沸后，加入木耳和冰糖，煮至冰糖融化即可关火。

酸辣汤面

材料（一人份）

鸡蛋1个　木耳20克　豆腐100克　竹笋50克　生粉10克　姜3片　肉丝50克　胡萝卜20克　油面1份　盐5克　白胡椒粉20克　酱油10毫升　芝麻油5毫升　乌醋20毫升

扫一扫，轻松学

做法

1 胡萝卜、木耳、豆腐、竹笋、姜切丝；肉丝加半匙生粉抓腌；鸡蛋打散；面条加盐汆烫盛盘备用。

2 木耳、笋丝、姜片、豆腐、胡萝卜下锅，放入酱油、盐一起拌炒；待锅中沸腾后，肉丝条条拨入，以免在锅中结团。

3 将生粉与水在小碗中，搅拌后均匀下锅，以免结块；再下蛋液，沿锅边推移，以防破坏蛋形。

4 起锅前加入乌醋、芝麻油与白胡椒粉，淋在面条上即可。

什锦面疙瘩

材料（一人份）

胡萝卜丝10克　木耳丝10克　葱花10克　虾米5克　猪绞肉20克　鸡蛋1个　上海青15克　面疙瘩100克　食用油5毫升　盐5克

做法

1 上海青洗净，切碎；鸡蛋打散。

2 锅内加入油烧热，放入虾米、葱花爆香，再加入木耳丝和猪绞肉，拌炒均匀后，加入适量水煮滚。

3 待水煮开后，放入面疙瘩，面疙瘩浮起后加入胡萝卜丝和上海青，略微搅拌，再加入打散的蛋液，最后加入盐，煮滚后即可盛盘。

葱白炒木耳

材料（一人份）

葱白50克　木耳100克　蒜末10克　蚝油5克　酱油5毫升　盐5克　食用油5毫升　水淀粉10毫升

做法

1 木耳洗净，放入冷水中泡发30分钟后，切除蒂头，接着用手撕成小朵，过水焯烫备用；葱白洗净，切片备用。

2 起油锅，开中小火葱白炒香，加入蒜末、木耳翻炒1分钟，再加入盐、酱油、蚝油调味。

3 最后用水淀粉勾薄芡即可起锅。

生姜羊肉粥

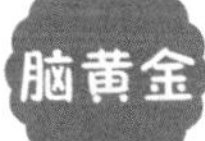

材料（一人份）

羊肉100克　生姜30克
白米粥150克　胡椒粉5克
盐5克

做法

1 羊肉切成小片；生姜洗净、去皮，切成细末。

2 锅中放入适量水烧热，再加入白米粥、姜末、羊肉片，小火慢煮至沸腾。

3 起锅前，加入盐、胡椒粉调味即可。

扫一扫，轻松学

烤什锦菇

材料（一人份）

鸿喜菇90克　金针菇90克　杏鲍菇90克
香菇70克　葱花10克　盐5克
芝麻油5毫升　黑胡椒5克

做法

1 鸿喜菇和金针菇洗净，去尾、剥散。

2 杏鲍菇洗净，切斜片；香菇洗净、切片。

3 取1张铝箔纸，铺上各种菇类，加入盐、芝麻油、黑胡椒，撒入葱花。

4 包起来，中间留空隙，放入烤箱，以200℃高温，烤10~15分钟，至菇类熟透即可。

双鲜金针菇

材料（一人份）

金针菇100克　干贝10克　鸡胸肉50克
葱丝10克　盐5克　芝麻油5毫升

做法

1 金针菇洗净后焯烫、沥干，盛在碗内备用。

2 鸡胸肉汆烫后，撕成鸡肉丝；干贝汆烫后，也撕成细丝。

3 将金针菇、鸡肉丝和干贝丝混合，加入盐、葱丝及芝麻油，拌匀即可。

木耳肉片汤

材料（一人份）

木耳50克　肉片150克　生粉5克　韭菜25克
盐10克

做法

1 将木耳洗净，去蒂后切块。

2 肉片洗净，放入碗里，加入5克盐和生粉抓匀，腌渍一会。

3 韭菜择洗干净，切成3厘米长，备用。

4 锅中注水煮滚后，先放入木耳，再下肉片，煮至肉片熟时捞出浮沫，再放入盐和韭菜，续煮至韭菜熟软即可。

什锦香菇丝

材料（一人份）

木耳丝50克　芹菜段50克　姜末10克
食用油5毫升　熟火腿丝50克
鸡蛋丝40克　粉丝20克　花椒5克
香菇片110克　生粉5克
盐10克　芝麻油5毫升　米酒5毫升

做法

1 起水锅，放入香菇片、木耳丝、芹菜段及粉丝烫熟，沥干后放入碗中，再加入火腿丝和鸡蛋丝。

2 起油锅，炒香花椒，放入姜末及所有调味料炒成酱汁；把碗中食材倒扣在盘中，淋上酱汁即可。

木耳炒金针

材料（一人份）

木耳100克　黄花菜200克　韭菜花20克
大蒜10克　食用油5毫升　盐5克　白糖2克
水淀粉5毫升

做法

1 木耳洗净，切成丝；黄花菜切细条；韭菜花洗净，切成段；大蒜切片，备用。

2 热油锅，放入蒜片爆香，接着加入木耳、黄花菜一起炒香。

3 最后加入韭菜花，放入盐与白糖提味，再加入水淀粉勾芡，翻炒均匀即可。

姜丝炒牛肉

碳水化合物

材料（一人份）

牛肉片150克　姜丝20克　食用油5毫升
酱油15毫升　米酒5毫升　生粉5克
芝麻油5毫升　盐5克

做法

1 牛肉片加入生粉、酱油、芝麻油和米酒，抓腌后放入冰箱中冷藏、腌渍30分钟。

2 锅内注油烧热，用大火快速翻炒牛肉片至半熟后，捞起备用。

3 再将姜丝入锅炒香，倒入翻炒过的牛肉片，拌炒至全熟后关火。

4 如不够咸，再加入少许盐，拌匀后即可盛盘。

土豆炖牛肉

材料（一人份）

牛肉300克　土豆200克　酱油30毫升
白糖5克　葱段10克　姜片3片　盐5克
橄榄油5毫升　茴香10克　花椒10克

做法

1 土豆洗净、去皮后切成小块，泡水备用。

2 牛肉切成适当大小，备用。

3 锅内注油烧热，放入土豆微煎至上色后，盛出备用。

4 原锅中放入葱段、姜片、茴香与花椒爆香，再加入牛肉、酱油、白糖与适量的清水，煨煮一会。

5 水滚后捞起浮沫，转小火炖1小时，再放入土豆块、盐，炖至软嫩即可。

牛肉萝卜汤

材料（一人份）

牛肉100克　白萝卜100克
蒜末5克　葱段5克
米酒5毫升　生粉5克
酱油5毫升　盐5克

扫一扫，轻松学

做法

1 白萝卜洗净，去皮后切薄片；牛肉洗净，切丝。

2 牛肉丝加酱油、米酒、蒜末搅拌均匀，再放入生粉拌匀，腌渍入味。

3 锅中放入适量的水及白萝卜，熬煮至萝卜变软，接着放入牛肉丝，煮熟后加盐调味，起锅前放入葱段即可。

南瓜胡萝卜牛腩饭

材料（一人份）

胡萝卜20克　白饭150克　牛肉100克
南瓜50克　盐5克　食用油5毫升

做法

1 将胡萝卜、南瓜分别洗净，去皮后切块；牛肉洗净、切块。

2 起油锅，放入胡萝卜、南瓜煎香，接着加入淹过食材的热水炖煮。

3 加入牛肉，再放入盐调味，续煮至南瓜和胡萝卜软烂即可。

4 白饭装入碗内，浇上煮好的食材即可。

清炖牛肉

材料（一人份）

牛肉300克　盐15克　葱段20克　姜片5片
米酒5毫升　胡椒粉5克　花椒10克　八角5克

做法

1 将牛肉洗净，切成小方块，汆烫备用。

2 砂锅中放入花椒、八角、葱段以及姜片。

3 再倒入适量的清水，接着放入牛肉块，然后加入米酒。

4 盖上盖子，用小火炖约1小时至牛肉熟烂，再加入盐和胡椒粉调味即可。

百合炒肉片

材料（一人份）

猪瘦肉片100克　干百合15克　蛋白1个　盐15克
食用油5毫升　生粉10克

做法

1 将干百合放入温水中，盖上盖浸泡30分钟后，取出洗净杂质，备用。
2 猪瘦肉片用10克盐、生粉、蛋白拌匀，腌渍30分钟备用。
3 锅内倒油烧热，放入猪瘦肉片滑炒。
4 接着放入百合翻炒，再加入盐和少量水煨一下，翻炒均匀即可。

豉汁蒸排骨

材料（一人份）

猪肋骨330克　豆豉20克　姜丝10克
白糖2克　葱段10克　酱油15毫升
芝麻油5毫升　红薯粉5克

做法

1 把豆豉放入小碗里洗净后，用水浸泡5分钟，浸泡豆豉的水留着备用。
2 排骨洗净，剁成小块，放入碗里，加入豆豉、泡豆豉的水、白糖、酱油、芝麻油、红薯粉拌匀。
3 撒上姜丝、葱段，放入蒸锅中，用大火蒸30分钟即可。

清炒脚筋

材料（一人份）

猪蹄筋250克　水淀粉15毫升　豆荚50克　葱1支
米酒5毫升　蚝油15克　食用油10毫升

做法

1 把猪蹄筋切成条，放入滚水中，略煮10分钟，取出备用。
2 葱洗净，切段；豆荚洗净后焯烫备用。
3 起油锅，放入葱段煸炒出香味，再加入猪蹄筋条、豆荚、米酒、蚝油和适量水，迅速翻炒，使脚筋均匀受热。
4 煮开后，用水淀粉勾芡，续煮至收汁即可。

西红柿沙拉

材料（一人份）

西红柿200克　苹果50克　核桃仁15克
蛋黄酱30克　柳橙汁20毫升　蜂蜜10克
水淀粉5毫升

做法

1. 西红柿洗净后，于1/3的部位横切，用汤匙轻轻沿着表皮画圈，将果肉挖出后切成丁。
2. 苹果去皮，与核桃仁切成小丁，再连同西红柿丁一起用蛋黄酱拌匀后，塞入西红柿盅中。
3. 柳橙汁混合蜂蜜后入锅加热，再加水淀粉拌匀，淋在西红柿盅上即可。

丝瓜瘦肉汤

材料（一人份）

嫩丝瓜150克　猪瘦肉100克　食用油5毫升
红枣10克　生姜2片　盐5克

做法

1. 丝瓜去皮，与猪瘦肉、生姜，均切成片，备用。
2. 取一小碗，将红枣泡入热水中备用。
3. 起油锅，爆香姜片后，加入适量水煮滚。
4. 接着放入红枣与猪瘦肉片，待猪肉片八分熟，再放入丝瓜片与盐，续煮3分钟即可。

蜜汁豆干 碳水化合物

材料（一人份）

豆干300克　食用油5毫升
冰糖20克　八角5克
酱油10毫升　葱丝10克
辣椒10克

做法

1 将豆干洗净后，对切成斜块备用。

2 锅中倒入食用油烧热，加入酱油、八角、冰糖及25毫升水，用中火煮至冰糖溶化，做成蜜汁。

3 放入豆干稍微拌炒一下，加适量水，用中火煮沸后转小火，拌至汤汁收干。

4 加入葱丝、辣椒翻炒均匀，即可盛盘。

营养小叮咛

豆干营养丰富，含有大量的蛋白质、脂肪、碳水化合物，还含有钙、磷、铁等多种人体所需的矿物质。

红枣木耳瘦肉汤

碳水化合物

材料（一人份）

猪瘦肉片100克　红枣10颗　木耳15克
盐10克

做法

1 先将木耳泡开、洗净；红枣洗净，去核。
2 猪肉片用5克盐腌渍10分钟，备用。
3 将木耳、红枣放入锅内，加入清水，用小火煲煮20分后，再放入猪肉片。
4 煲至熟，再加入5克盐调味即可。

麻油猪肝汤

碳水化合物

材料（一人份）

猪肝60克　菠菜30克
生姜丝10克　米酒5毫升
白糖2克　芝麻油15毫升　盐15克

做法

1 猪肝洗净，切片；菠菜洗净，切段。
2 锅内放入芝麻油，开小火，放入生姜丝爆炒，再放入猪肝和米酒，快炒1分钟。
3 再加入500毫升清水、盐、白糖，拌匀。
4 接着放入菠菜，待菠菜熟软即可。

圣女果百合猪肝汤

碳水化合物

材料（一人份）

猪肝60克　圣女果6颗　生姜3片　百合5克
米酒5毫升　胡椒粉5克　盐5克

做法

1 猪肝洗净，切薄片。
2 百合掰开，洗净备用。
3 圣女果洗净后从中划开。
4 取汤锅，注入清水煮开后，放入姜片、百合和圣女果，再加入盐稍微调味。
5 煮滚后，放入猪肝、胡椒粉和米酒，待猪肝煮熟即可。

三丁豆腐羹

材料（一人份）

豆腐150克　鸡肉100克　去皮西红柿100克
盐5克　豌豆仁30克　米酒5毫升
食用油适量　芝麻油5毫升

做法

1 豆腐洗净、鸡肉洗净、西红柿去皮，切丁。
2 先将鸡肉丁放入油锅中，炒至转白后，捞出备用；再将豆腐丁、西红柿丁、豌豆仁放入锅中，大火煮沸。
3 转小火后放入鸡肉丁、米酒，煮10分钟，加入盐调味。
4 盛盘后，淋上芝麻油即可。

豆芽炒肉丁

材料（一人份）

黄豆芽100克　猪肉50克　米酒5毫升　盐5克　酱油15毫升　白糖2克　生粉5克　食用油适量

做法

1 将猪肉洗净，切成丁，接着用生粉抓匀，再放至油锅中炸至金黄，捞出沥油。
2 另起油锅，将肉丁炒熟，盛盘。
3 同一锅中放入黄豆芽、米酒、酱油略炒，再放入白糖、盐，加入水，用小火煮熟，再放入肉丁炒匀即可。

冬瓜干贝汤

材料（一人份）

冬瓜130克　干贝20克　盐5克　米酒5毫升

做法

1 冬瓜削皮后，用汤匙刮去籽，洗净后切片。
2 干贝洗净，放入温水中浸泡30分钟，去掉老肉备用。
3 取汤锅，将冬瓜片、干贝放入沸水中，加入米酒，焖煮10分钟。
4 出锅时加入盐调味，拌匀即可。

豆豉双椒

材料（一人份）

红椒80克　青椒150克　豆豉10克　蒜3瓣
蒜苗末10克　酱油15毫升　白糖2克
食用油5毫升

做法

1 青椒和红椒去蒂、去籽，切丝备用。

2 蒜头切碎；豆豉泡软、沥干备用。

3 锅中加入食用油烧热，先放入蒜碎爆香，再加入豆豉一同炒匀。

4 放入酱油和水，再加入青椒、红椒一起炒1分钟，最后加入白糖和蒜苗末提味即可。

竹笋煨鸡丝

材料（一人份）

鲜竹笋160克　熟鸡肉丝110克　葱段10克
姜片3片　白糖5克　盐10克　鸡汤30毫升
食用油10毫升

做法

1 将鲜竹笋剥去外壳，切除底部过粗纤维后，洗净、切丝。

2 起油锅，先放入葱段、姜片和笋丝大火煸炒几下。

3 接着转中小火，加入盐、白糖、鸡汤及鸡肉丝，煨煮一下即可。

豆腐肉饼

材料（一人份）

猪绞肉200克　板豆腐200克
洋葱50克　鸡蛋1个　生粉60克
白胡椒粉适量　盐2克　白糖10克
酱油15毫升　米酒15毫升　食用油适量

扫一扫，轻松学

做法

1 将白糖、酱油、8毫升米酒混合成酱汁；板豆腐压成泥，沥干；猪绞肉用刀剁细至出现黏性；洋葱洗净，去皮切末；10克生粉加水调成水淀粉。

2 将豆腐、猪绞肉、洋葱、鸡蛋、生粉和白胡椒粉、盐放入容器中混合后，搅拌均匀即为馅料。

3 热油锅，将馅料整成大小一致的圆饼状，中火将肉饼煎至两面金黄即可；将原锅中多余的油倒掉，放入调好的酱汁，拌均后煮至沸腾，加入米酒、水淀粉，再放入豆腐肉饼煮1分钟即完成。

地黄老鸭煲

材料（一人份）

生地黄25克　山药15克　枸杞10克
老鸭500克　葱段10克　生姜片3片
白醋5毫升　料酒5毫升　盐5克

做法

1 老鸭肉切块，用加有白醋的凉水浸泡2小时，再捞出汆烫，去除血水。

2 将生地黄、山药、枸杞洗净。

3 取汤锅，注入500毫升清水，煮滚后将生地黄、山药、枸杞及鸭肉块一起放入锅内。

4 接着加入生姜片、葱段、料酒及盐，盖上锅盖，用小火煲煮1小时，至鸭肉熟烂即可。

水晶猪蹄

材料（一人份）

猪蹄300克　猪皮40克　盐5克　米酒10毫升
姜块20克　葱段20克

做法

1 猪蹄洗净后去皮，刮净毛后去骨，放入开水中煮至七分熟。

2 猪皮刮净毛、洗净，汆烫后切成条状备用。

3 将猪蹄放入盘中，再摆入猪皮、葱段、姜块、盐及米酒，接着放入蒸锅中蒸熟。

4 取出蒸盘，捞出猪皮、葱段和姜块，再将猪蹄放凉。

5 结成肉冻后，切厚片盛盘即可。

田园烧排骨

材料（一人份）

排骨50克　菜豆100克　酱油15毫升　白糖2克
盐5克　姜片3片　胡萝卜100克　玉米150克
葱段10克

做法

1 玉米切段；胡萝卜切滚刀块；菜豆切段。

2 排骨洗净，氽烫去血沫。

3 将排骨、白糖、酱油、姜片和葱段放入锅中，加入清水至淹没食材，以中火慢炖。

4 煮开后，转小火再炖40分钟。

5 接着放入菜豆、玉米、胡萝卜，小火续煮20分钟，最后加入盐调味即可。

何首乌排骨汤

碳水化合物

材料（一人份）

猪排骨300克　何首乌100克
盐5克　葱末10克

做法

1 猪排骨剁成小块后，氽烫去血水，捞出沥干。

2 何首乌洗净备用。

3 猪排骨、何首乌和葱末放入砂锅中，以大火煮沸。

4 接着转小火炖至熟烂，再加入盐调味即可。

青木瓜炖猪蹄

材料（一人份）

猪蹄500克　青木瓜200克　生姜片5片　盐5克
葱花10克　米酒15毫升

做法

1 猪蹄清除毛、洗净，氽烫后捞出备用。

2 青木瓜去皮，对半切开、去籽，切块备用。

3 锅中注水烧开后，放入猪蹄、生姜片和米酒，以大火煮滚，再转中火煲30分钟。

4 接着倒入青木瓜，再转小火煲30分钟，直至木瓜熟烂。

5 食用前放入葱花和盐即可。

南瓜煎饼 碳水化合物

材料（一人份）

南瓜200克
糯米粉50克
糖浆适量
食用油适量

做法

1 南瓜洗净、去皮，放到内锅中；再将内锅放进电饭锅中，外锅倒入100毫升水；按下开关，蒸至开关跳起，将蒸熟的南瓜压成泥，即为南瓜泥。

2 南瓜泥中加入糯米粉跟糖浆拌匀，即为南瓜糊。

3 热油锅，舀适量的南瓜糊入锅，压平后将两面煎熟即完成。

扫一扫，轻松学

孕期七、八月阳光孕动

狗式

此练习可放松颈部和肩部肌肉，改善肩膀、颈部和脊柱的灵活性；拉伸腿部韧带，增强身体力量；强健生殖系统。

1 背部挺直跪在垫子上，双手放在膝盖上。

2 将双手放在垫子上，分开与肩同宽；双腿分开与髋部同宽，脚趾踩在垫子上。

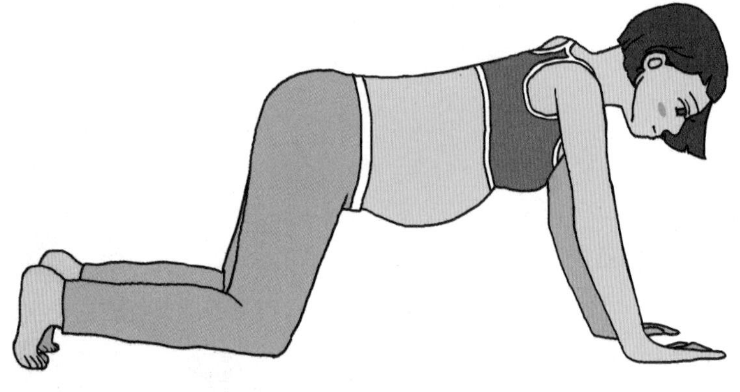

3 吸气，抬高臀部，伸直膝盖；呼气，上半身向下压，保持此姿势，以感觉舒适为限。再呼气，恢复到起始姿势，稍作休息。

安全提示

高血压患者及妊娠最后阶段不宜做此练习。

蹲式二式

此式对于孕妇来说是一个极好的练习，能加强双踝、双膝、两大腿内侧和子宫肌肉强度，增强髋部肌肉的弹性，有利于顺产。

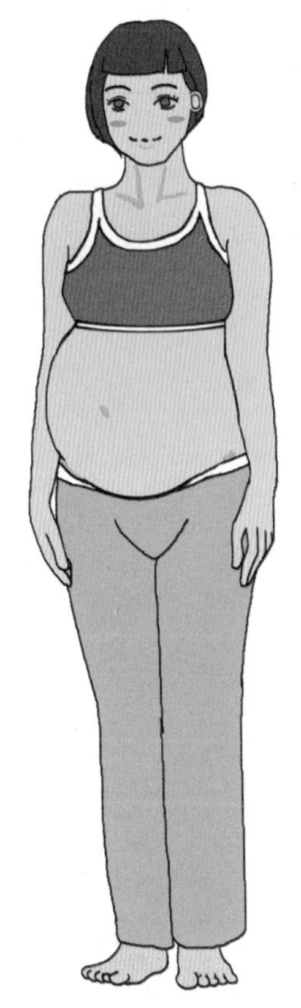

安全提示

孕妇在练习此姿势时，一定要保持身体平衡，并根据个人情况决定下蹲的程度。

1 直立，两脚并拢，两手掌心向内，自然下垂。

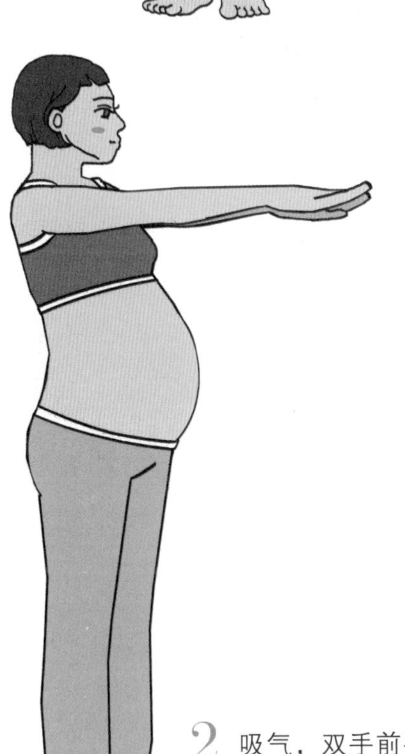

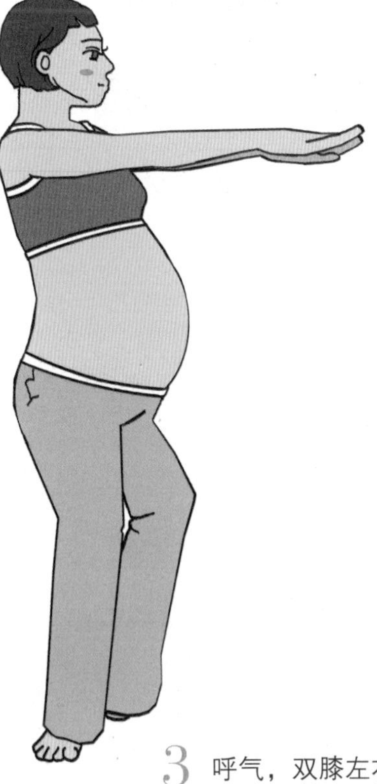

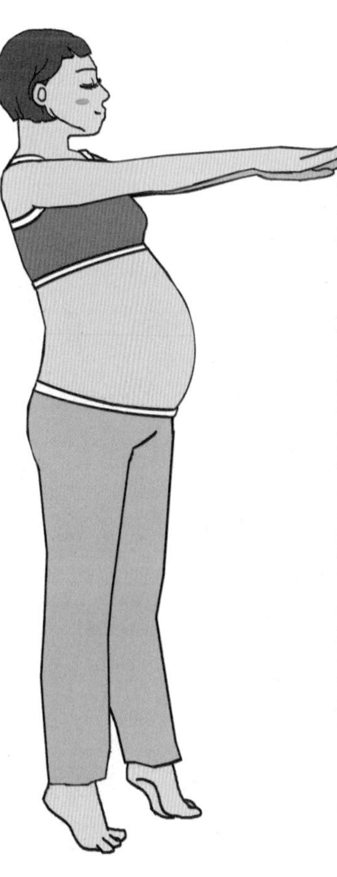

2 吸气，双手前平举，再将双腿左右稍稍分开。

3 呼气，双膝左右分开向下蹲，保持3～5个呼吸；再吸气时，用四头肌的力量，慢慢站立起来。

4 呼气再吸气时，踮起脚尖，腰背挺直，保持3～5个呼吸；再呼气时，恢复到起始姿势，稍作休息。

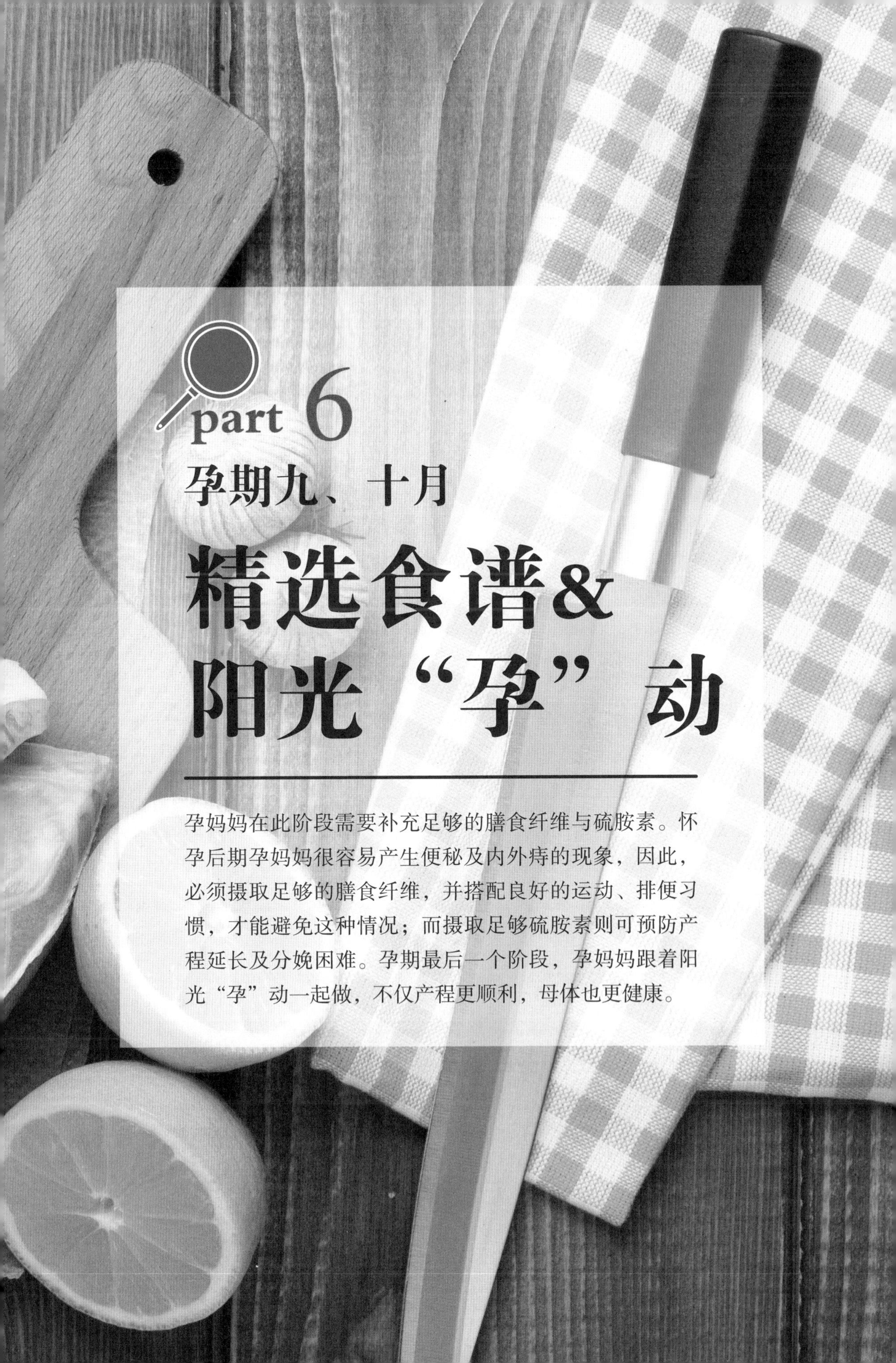

part 6

孕期九、十月

精选食谱&阳光“孕”动

孕妈妈在此阶段需要补充足够的膳食纤维与硫胺素。怀孕后期孕妈妈很容易产生便秘及内外痔的现象，因此，必须摄取足够的膳食纤维，并搭配良好的运动、排便习惯，才能避免这种情况；而摄取足够硫胺素则可预防产程延长及分娩困难。孕期最后一个阶段，孕妈妈跟着阳光“孕”动一起做，不仅产程更顺利，母体也更健康。

9月 孕期所需营养：膳食纤维

膳食纤维对人体具备很多好处，包含预防心脑血管疾病、糖尿病、便秘、肠癌、胆结石、皮肤疾病、牙周病及控制体重等，这些好处对孕妈妈来说格外重要，因此这个时期，孕妈妈应该从饮食中补充足够的膳食纤维。

膳食纤维分为两类，水溶性与非水溶性的，前者主要成分为果胶之类的黏性物质，可以溶于水中，变成胶体状；后者主要成分为木质素、纤维素及半纤维素等，虽然不溶于水，却可以吸附大量水分，进而促进肠道蠕动。

孕妈妈在妊娠九月摄取足够的膳食纤维，不仅可以增加每餐饱足感，更有助体重控制及肠胃蠕动。在这个时期，胎儿忽然快速地增大，对母体的消化器官产生压迫，使孕妈妈容易发生便秘情况，因此，必须摄取足够的膳食纤维，才能避免这种状况的发生。

食用膳食纤维后，可以有效帮助肠道蠕动，有利于代谢中有害物质的排出，对于皮肤的健康美丽更是加分。还可以减缓糖分的吸收，可说是天然的“碳水化合物阻滞剂”。

部分孕妈妈由于罹患妊娠糖尿病，需要严格控制血糖，若是摄取足够的膳食纤维，可以减缓糖分的吸收，并达到稳定血糖的功效。

但有一点需注意，膳食纤维要达成效用，还需补充足够水分，才能发挥最大的功用。

10月 孕期所需营养：硫胺素

硫胺素又称维生素B_1，是很重要的营养素之一，人体无法自行制造硫胺素，储存量也有限，虽然肠道细菌可以自行合成，但数量稀少，且主要为焦磷酸酯型，不易被肠道吸收，因此必须从每日食物中摄取，才能摄入足够的硫胺素。

孕期最后一个月，需特别注意补充足够的营养，其中，以硫胺素最为重要，孕妈妈需从饮食中充分摄取，才不会增加产程的困难。

硫胺素是人体必需营养素，与体内热量及物质代谢有很密切的关系，一般人缺乏硫胺素，可能出现全身无力、疲累倦怠等不适现象；孕妈妈则可能感到全身无力、疲乏不振、头痛晕眩、食欲不振、经常呕吐、心跳过快及小腿酸痛，长期缺乏，甚至可能导致横纹肌溶解症，严重者还会死亡。

现代社会由于饮食精致化，摄取的硫胺素几乎是农业社会的一半，复杂的加工程序同时也降低了硫胺素含量，正因如此，建议孕妈妈尽量选择粗粮来当主食，以增加硫胺素的吸收。

硫胺素多半存在谷物外皮及胚芽中，若是去掉外皮或碾掉胚芽，很容易造成硫胺素的流失，有些地方因为米粮过度精致化，反而诱发脚气病的风行。另一方面，过度清洗米粒、烹煮时间过长、加入苏打洗米等过度清洁的行为，也可能导致硫胺素的流失。

牛肉蔬菜卷

材料（一人份）

白萝卜丝30克
牛肉50克
金针菇30克
生菜30克
面粉10克
料酒5毫升
酱油5毫升
白糖5克
食用油5毫升

做法

1 牛肉切薄片；金针菇、生菜洗净。

2 取一碗，加入料酒、酱油、白糖拌匀成酱汁。

3 将生菜铺平，依序铺上金针菇、白萝卜丝和牛肉，卷起，撒上一层薄面粉。

4 锅中注油烧热，将牛肉卷开口朝下放入开始煎，至其表面金黄。

5 淋上拌好的酱汁后续煮至入味即可。

营养小叮咛

白萝卜含有丰富的维生素C、膳食纤维，口味清爽可增加食欲，对孕妈妈的消化系统及免疫力均有好处，且其富含的钙、钾等可以促进胎儿的骨骼发育和脑部发育。

奶油玉米笋 硫胺素

材料（一人份）

面粉10克　鲜牛奶80毫升　盐5克　奶油30克
玉米笋400克　清汤100毫升　水淀粉5毫升

做法

1 将玉米笋洗净、切花刀，焯熟后沥干备用。

2 锅中放入奶油融化，接着放入面粉，开小火不停搅拌1至2分钟，至面粉糊小小发泡、飘出香味。

3 加入清汤后，搅拌至面粉不结块，再紧接着加入鲜牛奶、盐和玉米笋拌匀。

4 用小火煮至入味，用水淀粉勾芡即可。

葱椒鲜鱼条 膳食纤维

材料（一人份）

多利鱼1片　面粉50克　白糖2克
蛋黄1个　洋葱末30克　胡椒5克
葱花10克　辣椒末10克　盐10克
米酒5毫升　食用油适量

做法

1 将面粉加入清水、蛋黄及5克的盐，拌匀制成面糊；多利鱼切条后裹上面糊下油锅，炸至金黄。

2 起油锅，爆香辣椒、葱花，加入盐、白糖、胡椒和炸好的鱼条，拌炒。

3 起锅前下洋葱和米酒炒匀即可。

冬笋姜汁鸡丝 膳食纤维

材料（一人份）

鸡胸肉100克　冬笋50克　蛋白1个　食用油适量
高汤50毫升　生粉5克　米酒5毫升　盐5克
姜汁5毫升

做法

1 鸡胸肉切细丝，将其与蛋白混合，再放入生粉拌匀；冬笋切细丝。

2 起油锅，放入鸡丝，待熟透取出沥油。

3 另取一锅，放入高汤、冬笋丝、盐、姜汁、米酒，大火煮滚，捞去浮沫，转中火煮5分钟。

4 待汤头煮出香味后，再将鸡丝放入即可。

洋葱炒丝瓜

材料（一人份）

丝瓜200克　洋葱100克　猪瘦肉50克
食用油5毫升　姜片2片　盐5克
高汤50毫升　胡椒粉2克　芝麻油5毫升

做法

1 将丝瓜洗净，去蒂、去皮，切条后再切滚刀块。

2 洋葱洗净，剥去老皮后逆纹切丝。

3 猪瘦肉洗净，切丝备用。

4 锅中倒入食用油烧热，先放入姜片爆香，接着放入肉丝、丝瓜块、洋葱丝、高汤翻炒，盖上锅盖转小火，焖至丝瓜软化出水。

5 加入盐、胡椒粉调味后，淋上芝麻油即完成。

鱼香豆干

材料（一人份）

豆干200克　鸡蛋1个　芝麻5克　醋2毫升
青椒丝50克　白糖2克　胡萝卜丝50克
葱末10克　姜末10克　蒜末10克　盐5克
食用油适量　生粉10克　豆瓣酱5克
鲜鱼汤10毫升

做法

1 豆干洗净，切条；鸡蛋打入碗中，再放入豆干条和5克生粉、芝麻拌匀。

2 将剩余生粉、醋、白糖、盐、鲜鱼汤调成汁备用。

3 起油锅，放入豆干条滑散，至金黄色时捞出沥油。

4 另起油锅，放入姜末、蒜末、豆瓣酱爆炒。

5 待炒出红油，倒入调好的汁，撒上葱末、豆干条、胡萝卜丝、青椒丝，翻炒均匀即可。

西红柿鸡蛋汤

膳食纤维

材料（一人份）

鸡蛋1个　西红柿100克　猪瘦肉30克　生姜2片　盐5克　食用油5毫升　葱花5克

做法

1 猪瘦肉切成细条备用；姜片切成丝；西红柿切成适当大小；鸡蛋打散成蛋液，备用。

2 起油锅，先放入姜丝爆香，接着放入西红柿块与瘦肉丝略略翻炒，再加入适量清水煮滚。

3 转小火，将蛋液以画圈的方式倒入锅中煮成蛋花后关火。

4 最后撒上盐、葱花，拌匀即可。

凉拌苦瓜

材料（一人份）

苦瓜180克　蛋黄酱75克　番茄酱15克

做法

1 将苦瓜去籽后洗净，仔细用汤匙刮除白膜，再放入冷开水中浸泡，至苦瓜冰凉。

2 将苦瓜取出沥干，切成斜刀片，放入盘中。

3 将蛋黄酱和番茄酱拌匀，食用前淋上酱汁或沾酱食用即可。

珍珠三鲜汤

材料（一人份）

鸡肉100克　胡萝卜50克　豌豆50克　西红柿100克　蛋白半个　盐5克　生粉5克　芝麻油5毫升

做法

1 豌豆洗净；胡萝卜、西红柿分别洗净后切丁；鸡肉洗净，剁成肉泥。

2 取一碗，把蛋白、鸡肉泥、生粉放在一起搅拌匀，再捏成丸子。

3 取汤锅，将豌豆、胡萝卜、西红柿放入锅中，加500毫升清水煮沸；接着放入丸子，煮熟浮起后加盐、芝麻油调味即可。

红烧豆腐

材料（一人份）

豆腐200克　豌豆30克　食用油适量
红椒30克　葱花10克　水淀粉5毫升
姜丝10克　酱油15毫升　白糖2克

做法

1 豆腐洗净，切小块；豌豆洗净。
2 红椒洗净后去蒂和籽，切丁备用。
3 起油锅，烧热，放入豆腐稍微煎至表面金黄，捞出备用。
4 锅留底油，放入葱花、姜丝爆香，再放入豌豆翻炒。
5 加入酱油、白糖、水、豆腐一起炖煮入味。
6 最后加入红椒丁翻炒，再用水淀粉勾芡即可。

凉拌茄子

材料（一人份）

茄子250克　盐5克　醋5毫升　鸡粉5克
芝麻油5毫升　蒜泥10克　芝麻酱15克

做法

1 将茄子洗净、去蒂，切成四瓣；放入锅中蒸烂后，取出放在盘内备用。
2 取一碗，放入芝麻酱、醋、芝麻油、盐，拌匀调成酱汁备用。
3 将适量的冷开水、鸡粉、蒜泥和成另一种酱汁。
4 将2种酱汁淋在茄子上即可。

西芹炒百合

膳食纤维

材料（一人份）

百合30克　西芹100克　葱1支　盐5克

水淀粉5毫升　色拉油5毫升

做法

1 将百合洗净，掰成小瓣后，放入滚水中快速焯烫后捞起。

2 西芹洗净，切段，放入滚水中焯烫。

3 葱切段备用。

4 油锅烧热，放入百合、西芹以及葱段，翻炒至西芹全熟，调入盐拌匀。

5 最后用水淀粉勾薄芡即可。

香肥带鱼

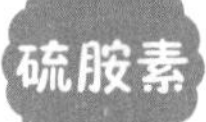

材料（一人份）

带鱼1条　牛奶100毫升　木瓜块50克

盐10克　生粉15克　米酒5毫升

做法

1 带鱼切成长块，抹上盐和米酒，腌10分钟后，再抹上生粉。

2 带鱼块下油锅，炸至金黄色捞出。

3 锅内加适量水，放入牛奶和木瓜块，待汤汁烧开时放盐、生粉，不断搅拌。

4 最后将汤汁连同木瓜块淋在带鱼块上即可。

腰果虾仁

材料（一人份）

虾仁60克　腰果30克　葱花10克　生粉5克

盐10克　米酒10毫升　蛋白1个　姜末10克

食用油适量

做法

1 腰果入油锅，炸至酥黄后，捞出备用。

2 虾仁用蛋白、5克盐和米酒腌渍后，均匀裹上生粉，过油备用。

3 留少许锅底油，爆香姜末与葱花，接着下虾仁、腰果。

4 拌炒后，加入盐和米酒调味即可。

当归羊肉汤

材料（一人份）

羊肉600克　当归20克　老姜片20克
盐5克　米酒30毫升　胡椒10克
色拉油5毫升

做法

1 将羊肉洗净后，切小块；接着加入米酒、胡椒，腌渍10分钟；再放入滚水中汆烫，捞出备用。
2 当归洗净，切片。
3 煲锅内注油烧热，先将姜片炒香，接着加入当归片、羊肉块、适量水及盐。
4 盖上锅盖，用小火细炖3小时，至食材熟透即可。

山药奶肉羹

材料（一人份）

羊肉300克　山药100克　牛奶100毫升
姜片5片　盐10克　醋5毫升

做法

1 山药去皮，洗净后切片，泡入加了醋的凉水里备用。
2 将羊肉洗净切块，入沸水中汆去血水后，放入砂锅中，接着加入姜片、牛奶和沥干水分的山药，用中小火炖煮至羊肉软熟。
3 起锅前，再加入盐调味，转小火煮1分钟即完成。

香菇炒西蓝花

材料（一人份）

西蓝花120克　香菇2大朵　盐5克　葱丝10克　姜丝10克　芝麻油5毫升　食用油5毫升

做法

1 将西蓝花洗净，放入滚水中焯烫，捞出沥干水分，备用。

2 香菇洗净，用50毫升温水泡发5分钟后取出切丝，香菇水留着备用。

3 葱丝、姜丝放入油锅中爆香，接着放入香菇、西蓝花一起翻炒。

4 加入盐调味后，再倒入香菇水烧开，最后淋上芝麻油即可。

金针鸡丝汤

膳食纤维

材料（一人份）

芦笋100克　鸡肉100克　金针菇35克　蛋白1个　生粉5克　盐10克

做法

1 将鸡肉切片，加入5克盐、生粉、蛋白拌匀，腌渍20分钟。

2 芦笋洗净沥干，将下半根的外皮刮除后切段；金针菇洗净，切散、沥干。

3 锅中放入500毫升清水，加入鸡肉丝、芦笋、金针菇一同熬煮。

4 待煮沸后，加盐调味即可。

当归鲈鱼汤

材料（一人份）

鲈鱼1条　当归25克　盐5克　米酒5毫升　姜片3片　红枣4颗

做法

1 鲈鱼洗净，将鳞片刮除、内脏清理干净备用。

2 将鲈鱼、当归、姜片、红枣放入锅中，加入适量清水和米酒，煮滚后加入盐提味即可。

板栗双菇

材料（一人份）

蘑菇70克　笋子50克　豌豆30克　板栗80克　香菇120克　蚝油15克　水淀粉5毫升　芝麻油5毫升　食用油5毫升　米酒5毫升　白糖2克

做法

1 板栗放入沸水中略烫一下，捞出去皮，再煮熟，捞出。

2 香菇、蘑菇分别洗净，切丁；笋子洗净，切块。

3 起油锅烧热，放入香菇、蘑菇和豌豆，加入蚝油、白糖及适量清水煨煮。

4 加入笋子、米酒，煮至入味。

5 放入板栗，翻炒片刻，再用水淀粉勾芡，淋入芝麻油即可。

西蓝花烧双菇

材料（一人份）

西蓝花100克　香菇5朵　白蘑菇5朵
姜丝10克　白糖2克　食用油5毫升
蚝油15克　盐5克

做法

1 西蓝花洗净后，刮去外皮粗纤维后切成小朵，入滚水焯烫；香菇、白蘑菇分别洗净后切成片。

2 锅内放入油烧热，放入姜丝爆香后，接着加入香菇、白蘑菇一同翻炒。

3 待菇类炒熟后，放入盐、蚝油、白糖调味，最后再加入水与西蓝花，一同焖煮2分钟即可起锅盛盘。

牛奶烩生菜

材料（一人份）

生菜150克　西蓝花100克　牛奶150毫升
盐5克　水淀粉5毫升　食用油适量

做法

1 生菜、西蓝花洗净，除去过粗纤维后切小块。

2 起一锅滚水，西蓝花焯烫至熟后捞出备用。

3 热油锅，先放入西蓝花翻炒，接着加入牛奶和100毫升清水，待沸腾后，加入生菜拌炒。

4 最后加入盐调味，用水淀粉勾芡即可起锅。

牛奶洋葱汤

材料（一人份）

鸡蛋1个　洋葱50克　鲜奶300毫升
盐5克　橄榄油5毫升

做法

1 洋葱去蒂、根部，洗净后切末；鸡蛋打散成蛋液备用。

2 起油锅，用小火将洋葱末炒至透明、飘出香味。

3 待洋葱软烂成焦糖色后，倒入鲜奶，接着再加盐调味。

4 未滚前加入蛋液，持续搅拌至微微沸腾、周围冒出小泡即可。

肉片粉丝汤

材料（一人份）

牛肉100克　粉丝50克　盐5克　米酒5毫升
生粉10克　芝麻油5毫升

做法

1 取一碗，将粉丝放入水中泡发30分钟后切条；牛肉切薄片，加入生粉、米酒和盐一起拌匀。

2 锅中加入适量清水烧沸，放入牛肉片，略煮后捞出浮沫，放入粉丝。

3 待粉丝煮熟后，加盐调味，淋上芝麻油即可。

豆豉炒牛肉

膳食纤维

材料（一人份）

牛肉160克　西芹100克　蛋白1个
姜末10克　酱油5毫升　豆豉30克
生粉5克　食用油5毫升

做法

1 将牛肉洗净、切片后装碗，再加入盐、蛋白、生粉拌匀，腌渍20分钟。

2 将西芹洗净，去除过粗纤维后切斜刀，备用。

3 热油锅，下牛肉片炒至七分熟，捞出后备用。

4 原锅中放入豆豉、姜末煸炒，接着加入酱油以及西芹翻炒，加适量水和牛肉片，大火炒熟即可。

松仁拌上海青

材料（一人份）

嫩上海青300克　松子仁35克　芝麻油5毫升
白糖2克　盐5克

做法

1 上海青切去根，洗净、沥干后，切长段。

2 起油锅，炒香松子仁，捞起沥油。

3 取汤锅，注入适量清水，加盐，烧开后下上海青段，焯烫2分钟，捞出沥干。

4 把焯好的上海青段放盘中，加入白糖、盐、松子仁以及芝麻油，拌匀即可。

黑麦汁鸡肉饭

材料（一人份）

白米100克　鸡腿肉240克
芦笋40克　黑麦汁250毫升
盐5克

扫一扫，轻松学

做法

1 白米洗净；鸡腿肉洗净，切成小丁；芦笋洗净，切小丁，备用。

2 取电饭锅，内锅中依序放入白米、芦笋丁、鸡腿丁、盐和黑麦汁。

3 将内锅放入，外锅倒入100毫升水，蒸熟即可。

4 打开锅盖，将饭和食材搅拌均匀，即可盛出食用。

黄豆猪蹄汤

材料（一人份）

猪蹄120克　黄豆30克　葱段20克　姜片3片
盐10克　米酒10毫升

做法

1 事先将黄豆洗净，泡水5小时泡胀备用。

2 猪蹄去毛后刮洗干净，放入加了5克盐和米酒的沸水中汆烫。

3 将砂锅烧热，放入猪蹄、黄豆、葱段、姜片、米酒和适量清水。

4 用大火烧开，再转小火炖煮一个半小时，至猪蹄软烂。

5 加入盐调味，即可食用。

果仁肉丁

材料（一人份）

猪瘦肉220克　黄瓜1条　熟花生30克　胡萝卜30克　蛋白1个　辣椒40克　葱花10克　蒜末10克　姜末10克　盐5克　芝麻油10毫升　酱油30毫升　生粉15克　食用油适量

做法

1 胡萝卜洗净、去皮，切丁；黄瓜洗净，切丁；辣椒洗净，去头尾后再切片。

2 将猪肉洗净、切块，加入15毫升酱油、盐、蛋白、芝麻油、生粉抓匀，下油锅略炸，捞出。

3 起油锅，先入葱花、姜末、蒜末、辣椒段和胡萝卜丁炒香，接着放入猪肉、酱油、黄瓜、清水以及花生炒至入味，再淋入芝麻油即可。

珊瑚白菜

材料（一人份）

白菜180克　水发香菇50克　青椒25克　冬笋25克　白糖2克　黑醋5毫升　盐5克　葱丝10克　姜丝10克　食用油10毫升　辣油5毫升　水淀粉5毫升

做法

1 将青椒、香菇、冬笋分别洗净、切丝；白菜去心，切成大块状，洗净后入沸水锅中煮熟，沥干、盛盘备用。

2 起油锅、烧热，放入姜丝、香菇、冬笋、黑醋、盐、白糖和适量水，再加入水淀粉勾芡，接着放入青椒丝、葱丝，拌匀调成酱汁。

3 将酱汁淋在白菜上，再滴上辣油即可。

鱼香茄子

材料（一人份）

茄子300克　青椒丝50克　蒜泥10克　豆瓣酱15克　酱油10毫升　葱段5克　芝麻油5毫升　红椒丝5克　食用油适量　料酒5毫升　水淀粉10毫升

做法

1 茄子洗净后，切滚刀块，放入热油锅中炸软，沥干油备用。

2 起油锅，放入葱段、姜丝、青椒丝、红椒丝、蒜泥爆炒，接着放入豆瓣酱煸出油；再放入茄子及料酒、酱油、芝麻油炒至上色，最后放入水淀粉勾芡即可。

木耳豆腐汤

材料（一人份）

板豆腐100克　水发木耳50克　鸡汤300毫升　盐5克　葱丝5克　醋5毫升

做法

1 水发木耳洗净、去杂质，用手撕成小片备用。

2 豆腐洗净，切成片；另取一小碗水，放入醋和豆腐，泡着备用。

3 取汤锅，放入鸡汤，待滚后将豆腐与木耳放入。

4 再煮沸时加入盐调味，最后再撒上葱丝，即可食用。

凉拌干丝 膳食纤维

材料（一人份）

豆干丝350克　芹菜段50克　胡萝卜30克
葱末10克　姜片3片　淡色酱油15毫升
米酒15毫升　芝麻油10毫升　白糖2克

做法

1 豆干丝洗净后沥干、切段；胡萝卜去皮后洗净、切丝。

2 煮一锅水，放入米酒和姜片，分别水煮芹菜段、胡萝卜丝和豆干丝，捞出后沥干放凉备用。

3 取一碗，放入淡色酱油、白糖、芝麻油和葱末调匀，再加入芹菜段、胡萝卜丝、豆干丝，搅拌均匀即可。

金菇爆肥牛 

材料（一人份）

金针菇160克　肥牛肉片100克　姜丝10克
盐10克　奶油适量　食用油5毫升
生粉5克

做法

1 肥牛肉片中加入5克盐、食用油和生粉，腌渍20分钟，再放入油锅中炒至七分熟，捞出备用。

2 将金针菇去根后洗净，再放入沸水中焯烫一下，捞出沥干。

3 锅中加奶油烧热，先下姜丝炒出香味。

4 再加入金针菇和肥牛肉片略炒，最后加盐炒匀即可。

透抽时蔬卷

膳食纤维

材料（一人份）

鲣鱼酱油30毫升　透抽1只
蛋碎30克　小黄瓜末30克
芦笋3支　胡萝卜20克
南瓜20克　米酒15毫升
芝麻油5毫升　蚝油15克
生粉5克　白胡椒粉5克

扫一扫，轻松学

做法

1 将透抽处理干净，去除外膜，透抽头部切小丁；胡萝卜、南瓜洗净，去皮后切长条状；芦笋洗净。
2 将透抽丁、蛋碎、小黄瓜末倒入碗中，加入生粉、鲣鱼酱油以外的所有调料搅拌均匀成馅料。
3 将馅料用小汤匙装入透抽身体内，再将芦笋、南瓜、胡萝卜塞入透抽身体内，开口处用牙签固定，放入盘内。
4 将透抽放入电饭锅中蒸熟后取出，切成圆片状；汤汁倒入热锅，加入生粉、鲣鱼酱油做成酱汁，淋在切好的透抽上即可。

扒银耳

材料（一人份）

银耳50克　豆苗30克　盐5克　芝麻油5毫升

做法

1 将银耳泡发后去蒂，洗净，接着撕成小朵后过水沥干。
2 豆苗洗净，过热水焯烫后沥干备用。
3 另取一锅烧水加热，加入盐、银耳煮沸，捞出盛入碗内待凉。
4 最后放上豆苗，加盐搅拌匀，淋上芝麻油即完成。

雪菜笋片汤

材料（一人份）

雪菜100克　冬笋片50克　猪瘦肉30克
葱花10克　芝麻油5毫升　米酒5毫升
盐5克　食用油5毫升

做法

1 雪菜洗净，去头后切成细末。
2 冬笋洗净，切片。
3 猪瘦肉切细丝备用。
4 热油锅，放入肉丝、雪菜、米酒、笋片与盐，再加入500毫升清水煮滚。
5 最后撒上葱花、淋入芝麻油即可。

三杯米血鸡

材料（一人份）

鸡腿肉400克
米血170克
蒜头5瓣
姜10片
罗勒30克
芝麻油45毫升
酱油45毫升
米酒45毫升
酱油膏30克
白糖30克
白胡椒粉5克

做法

1 鸡腿肉洗净，切小块；米血切条状，均匀铺在碗中；蒜头洗净，去皮；罗勒洗净后沥干，备用。

2 锅中下芝麻油，以小火加热，放入蒜头、姜片爆香；待姜片煸干后，放入鸡腿肉，转大火煎至两面金黄；再加入酱油膏、酱油、白胡椒粉、白糖、米酒，煮滚后关火，倒入铺有米血的碗中。

3 将鸡腿肉和米血放到电饭锅中，外锅倒入100毫升水，按下开关，蒸至开关跳起后，打开锅盖，放入一半的罗勒拌匀，盖上锅盖焖5分钟。

4 打开锅盖，加入剩下的罗勒，搅拌均匀即可。

扫一扫，轻松学

水晶冬瓜

材料（一人份）

冬瓜230克　鸡胸骨1副　生猪皮100克
料酒15毫升　盐15克　香菜叶20克
葱2支　姜50克　花椒20克

做法

1 冬瓜洗净，去皮和瓤后切成小块。

2 生猪皮刮净肥肉和杂质，切成条状，汆烫备用；葱、姜分别洗净、拍松。

3 鸡胸骨洗净后切小块，过水汆烫。

4 汤锅中加入除香菜叶外的所有材料，先用大火煮沸，再转小火，煮一个半小时，至猪皮软烂。

5 捞出鸡骨、葱、姜，加入香菜叶。

6 再次煮滚后将冬瓜块捞出，待冷却后，反扣在盘中，切小块即可。

甜椒炒牛肉丝

材料（一人份）

牛肉片160克　甜椒50克　葱段20克
食用油15毫升　酱油10毫升　蚝油15克
姜丝10克　生粉5克　米酒5毫升

做法

1 将牛肉片洗净、切丝，加入5毫升酱油和生粉拌匀。

2 甜椒洗净，去蒂和籽后切丝。

3 热油锅，放入牛肉丝，炒至五分熟，起锅备用。

4 起油锅，先放入葱段、姜丝爆香，接着加入甜椒丝、酱油、蚝油、适量清水和牛肉丝，快速翻炒。

5 最后加入米酒炒匀即可。

丝瓜金针菇

膳食纤维

材料（一人份）

丝瓜250克　金针菇100克　丁香鱼20克
姜丝10克　食用油5毫升　盐5克　水淀粉5毫升

做法

1 丝瓜洗净、去皮，切成段。
2 金针菇洗净，去头。
3 起油锅，先放入姜丝爆香，再放入丝瓜翻炒。
4 放入丁香鱼，再放入金针菇一起拌炒。
5 待丝瓜熟软后，用盐调味，加入适量清水煨煮一会。
6 起锅前，用水淀粉勾薄芡即可。

西红柿炖豆腐

膳食纤维

材料（一人份）

西红柿200克　豆腐100克　豌豆20克　盐5克　葱花10克　食用油5毫升

做法

1 西红柿洗净，切成片；豆腐倒去涩水后切块，泡入盐水中备用。
2 油锅烧热，放入葱花、西红柿煸炒，接着加入盐、豆腐和适量清水，以大火烧开。
3 最后加入豌豆，等汤汁再次煮沸后即可。

清蒸茄段

膳食纤维

材料（一人份）

茄子1个　食用油5毫升　蒜泥10克
白醋10毫升　酱油10毫升

做法

1 茄子去蒂，洗净后对剖，切成长段。
2 碗中放入食用油、蒜泥、白醋、酱油，搅拌均匀成酱汁备用。
3 将茄子放入盘中，再放入电饭锅中蒸熟。
4 取出蒸熟的茄子，淋上拌好的酱汁即可。

丝瓜熘肉片

材料（一人份）

丝瓜150克　猪瘦肉100克　生粉15克
盐10克　料酒5毫升　食用油10毫升
葱段10克　姜丝10克　白醋5毫升

做法

1 将丝瓜去皮、洗净，切薄片。
2 猪肉洗净，切成薄片，加盐、料酒腌渍，再加入生粉，均匀搅拌后，再加入5毫升油拌匀。
3 热油锅，加入葱段、姜丝爆香，再加入肉片翻炒。
4 待肉片半熟时再放入丝瓜片、50毫升水，煨煮至收汁、丝瓜熟软。
5 最后放入盐和白醋调味即可。

胡萝卜牛肉丝

材料（一人份）

牛肉100克　胡萝卜50克　酱油15毫升
盐5克　生粉5克　姜末10克
米酒5毫升　色拉油5毫升

做法

1 牛肉洗净后，斜着切丝，再加入姜末、生粉、酱油、米酒拌匀，腌10分钟备用。
2 胡萝卜洗净、去皮后，切丝。
3 热油锅，将牛肉丝放入锅中翻炒，至八分熟时放入胡萝卜丝一起炒匀，再下盐拌匀即可。

清蒸丝瓜蛤蜊

材料（一人份）

蛤蜊250克　丝瓜1/2条

蒜末5克　辣椒40克

姜丝5克　葱段5克

奶油15克　米酒10毫升

扫一扫，轻松学

做法

1 蛤蜊泡在水中吐沙后洗净；丝瓜洗净、去皮，切滚刀块；辣椒洗净去籽，切丝后泡水；葱段洗净，切丝后泡水；取一半姜丝泡水，备用。

2 内锅中依序放入丝瓜、蛤蜊、奶油、蒜末、另一半的姜丝和米酒，放电饭锅中，外锅倒入100毫升水，按下开关，蒸至开关跳起。

3 打开锅盖，将蒸好的丝瓜蛤蜊盛盘，撒上泡水的姜丝、葱丝、辣椒丝即完成。

白萝卜炖羊肉

材料（一人份）

羊肉250克　白萝卜100克　姜片5片

盐5克　香菜20克　米酒5毫升

做法

1 羊肉和白萝卜分别洗净后，切块备用。

2 将羊肉、姜片、白萝卜一起放入砂锅中，加入适量清水和米酒，大火烧开。

3 接着转小火，盖上锅盖，继续熬煮一个半小时至羊肉软烂。

4 起锅前捞去浮沫，加入香菜、盐调味即可。

蒜泥白肉

材料（一人份）

猪肉200克　蒜瓣20克　酱油15毫升

冰糖2克　八角5克　盐5克

做法

1 猪肉洗净，放入沸水锅中煮熟后，捞出沥干。

2 待猪肉冷却至不热时，切薄片后装盘。

3 蒜瓣洗净后剁成泥，加入盐和适量煮肉的原汤，调成稀糊状备用。

4 炒锅烧热后，放入酱油、冰糖和八角，开小火熬成浓稠状酱料备用。

5 将调成稀糊状的蒜泥，加入酱料均匀搅拌，淋在肉片上即可。

牛肉笋丝

材料（一人份）

牛肉90克　竹笋30克　酱油15毫升　盐5克
葱1支　姜丝10克　食用油5毫升　料酒5毫升
生粉5克

做法

1 将竹笋、葱以及牛肉分别洗净，切成丝。
2 牛肉丝用生粉、盐和料酒，腌渍30分钟；起油锅，将牛肉丝炒至六分熟，捞出备用。
3 同一锅中放入笋丝和姜丝爆香，再放入酱油和葱丝，大略翻炒几下。
4 最后放入牛肉丝一起翻炒，拌匀即可。

清汤羊肉

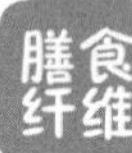

材料（一人份）

羊肉300克　白萝卜150克　盐5克
山药80克　枸杞5克　米酒5毫升
八角5克

做法

1 将羊肉洗净切块，汆去血水和杂质。
2 白萝卜、山药均去皮、洗净，切块备用。
3 锅中加入清水，放入八角、米酒、羊肉块、白萝卜和山药，盖上锅盖，以小火焖煮1小时。
4 起锅前，加入枸杞和盐调味即可。

牛肉粥

材料（一人份）

牛肉100克　胡萝卜50克　白米粥150克　鸡蛋1个　葱花5克　姜丝10克　盐5克　米酒5毫升

做法

1 牛肉切丝，用米酒腌渍20分钟。
2 胡萝卜洗净，去皮后切丝；鸡蛋打散成蛋液，备用。
3 取汤锅，放入胡萝卜丝、姜丝、白米粥和适量水一同熬煮，煮开后加入牛肉丝、蛋液和盐。
4 牛肉丝熟后撒上葱花即可。

黄豆烧牛肉

膳食纤维

材料（一人份）

牛肉250克　生粉15克
黄豆30克　葱段10克　白糖2克
姜末10克　盐5克　酱油30毫升
米酒10毫升　食用油适量

做法

1 牛肉洗净后切成片状，加入酱油、白糖、米酒和生粉拌匀，腌渍；起油锅，放入腌渍好的牛肉炒熟，捞出备用。

2 黄豆洗净，浸泡一晚。

3 取炒锅烧热，倒入些许油后，先将葱段、姜末爆香，再放入黄豆、米酒、酱油和盐炒匀。

4 最后放入牛肉和适量水，待沸腾时转中火，续煮半小时即可。

土豆烧牛腩

膳食纤维

材料（一人份）

牛腩400克　土豆200克　食用油适量
酱油30毫升　白糖5克　盐5克　葱段20克
姜片5片　茴香10克　花椒10克

做法

1 土豆去皮、洗净，切成大块；牛腩洗净，切成块后汆烫。

2 起油锅，烧至八分熟，放入切好的土豆块，炸成金黄色后捞出，沥油备用。

3 锅内留适量底油，下花椒、茴香、葱段和姜片，煸炒出香味。

4 下牛腩，加酱油、白糖、土豆和适量水。

5 待沸腾时转中火，续煮半小时，最后加盐调味即可。

孕期九、十月阳光孕动

户外的简单小运动

孕妈妈在等待分娩的来临时期，如果到户外运动，不一定要大张旗鼓，到就近的公园散散步、伸展身体，也是一种简单的运动方式。

1 站姿，双臂侧平举。双腿分开，手腕弯曲，指尖向上伸展，保持约3秒钟。

2 双手下垂，左腿向前伸直，脚跟贴地，右腿弯曲，腰背挺直，保持5秒钟。

3 站姿，双腿分开与肩同宽，双臂向两侧平举，向上伸展腰背。

4 双腿分开两个肩宽，保持侧平举，腰背挺直，身体慢慢向下蹲，注意保持身体平衡，保持3秒钟。

跨步扭脊式

此式可锻炼股四头肌；放松腰部，灵活脊柱和背部，缓解背部的疼痛现象；刺激胃肠，帮助消化，改善消化系统功能，缓解便秘症状。

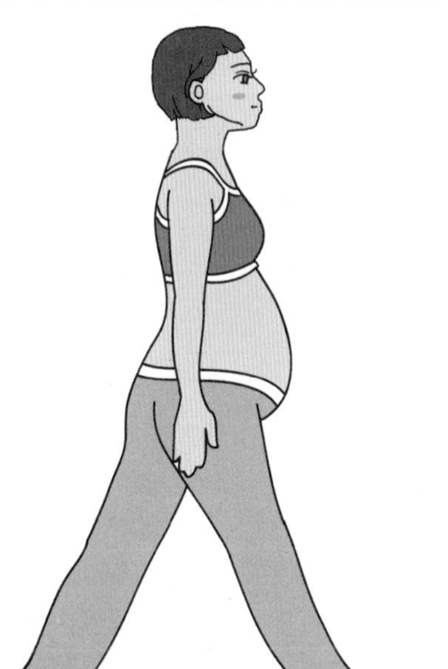

1 将右腿向前跨步站立，双手自然下垂，掌心向内，放在身体两侧。吸气，挺直腰背。

2 呼气，弯曲右腿下蹲。

3 吸气，右手支撑住腰部。

4 呼气，左手抓住右大腿外侧，向右侧轻轻扭转上半身，保持3～5次呼吸。再吸气时，伸直右腿，恢复到起始姿势，稍作休息，换另一侧做以上动作。

part 7

孕期十月 注意事项

每个阶段的孕期都有一些孕妈妈困惑和必须注意的问题，本单元把这些问题通通集合起来，按照孕期周数，循序渐进地让孕妈妈了解这些注意事项并解开疑惑，顺利度过妊娠期。

孕期十月注意事项（一）

第一周

推算预产期的方式有几种，一、可从最后一次生理期的第一天算起，如果末次生理期在一至三月，预产月直接以月份加九，若末次生理期在四月之后，则以月份减三来计算，预产日等于天数加七；二、根据妊娠早期妇科检查，以子宫大小来推算；三、依据超声波检查结果来推算。

第二周

初次怀孕的孕妈妈，经常忽略察觉身体细微的变化，可能误食药物或轻忽生活细节，因而对自己与胎儿产生不良影响。怀孕初期的身体反应与感冒症状有些相似，孕妈妈若是自行购买成药服用，不但达不到治疗效果，还有可能生出畸形儿，最好的办法便是请医生诊治。

第三周

孕妈妈应维持定时、定量的饮食习惯。部分孕妈妈碍于妊娠反应，或为保持优美体态，过分限制饮食，导致体力下降，甚至罹患多种妊娠并发症与合并症；部分孕妈妈则出现暴饮暴食的现象，造成肠胃功能错乱，甚至一次摄食过多，导致胎儿供血不足，影响生长发育。

第四周

妊娠早期，胎儿对各种有害因素非常敏感，例如细菌、病毒、药物、放射线等，这些可能导致胎儿产生缺陷，并使孕妈妈流产。要产下健康宝宝，孕妈妈可遵循以下几点：一、尽量适龄生产；二、营养均衡；三、养成良好生活习惯；四、患有内科合并疾病时，治疗后再怀孕。

第五周

在怀孕前几周，由于孕妈妈对身体的各种新变化还没完全适应，因此非常容易疲劳，经常想睡觉。而且，怀孕会促使黄体激素大量分泌，使脑部某些特定部位产生麻痹，这也会促使孕妈妈产生睡意。怀孕初期，孕妈妈每日必须睡足八小时，中午也可以养成午睡片刻的习惯。

第六周

孕妈妈在这个阶段应注意摄取足够的热量。由于需要大量储存脂肪，加上胎儿新组织的生成，孕妈妈的热量消耗会大于未怀孕的时候，热量需求会随着妊娠延续而增加，因此，孕妈妈必须确保自己摄取足够的热量，才能避免发生身体不适或胎儿过小的情况。

第七周

孕妈妈可以适度地做一些家务，把家务视为运动的一种，但是得注意不可超过自己的身体负荷，导致身体受伤的事情也必须避免，例如爬高、举手够物、搬移重物等，更不要长时间俯身，让腹部处在增压的状况，冬季也不可以长时间停留在室外，导致受凉而感冒。

第八周

孕妈妈出现腹痛现象要警觉，怀孕腹痛分成两类，生理性与病理性的。生理性腹痛多半是由胃酸分泌过多所引起的，有时还会伴随着孕吐，最好注意饮食调养；病理性腹痛，则可能出现下腹部疼痛，这时需注意，很可能是妊娠并发症，常见的有流产先兆及子宫外孕。

第九周

孕妈妈不可食用太多油炸食物，因高温处理后，食物中蕴含的营养素会受到严重破坏，营养价值大幅降低，加上脂肪含量急速上升，造成营养难以吸收的情况。同时，孕妈妈妊娠后，消化功能下降，食用油炸食物容易产生饱足感，导致下一餐食量减少，因而对身体产生负担。

第十周

孕妈妈的饮食状况会影响宝宝未来的寿命，根据英国科学家发表的研究，孕期内饮食均衡的孕妈妈生出的宝宝，健康情况较好；反之，宝宝容易罹患心脏病跟高血压。另外，宝宝在胎儿时期的发育也与出生后的健康状况息息相关，因此，孕妈妈应从饮食中摄取均衡营养。

孕期十月注意事项（二）

第十一周

孕妈妈每天睡醒一定得吃早餐。从入睡到起床经过了很长一段时间，如果没有适时补充食物来供应血糖，孕妈妈会出现反应迟钝、注意力分散、精神萎靡甚至头昏、晕眩等症状。为了自己与胎儿的健康，孕妈妈就算没有吃早餐的习惯，也要在孕期中培养。

第十二周

许多孕妈妈都有开车的习惯，当然，如果身体状况良好这是没问题的，但是应避免远途及长时间开车，以免发生疲劳驾驶的情况。如果长时间固定在驾驶座，孕妈妈的骨盆腔及子宫血液循环都会变差，极可能发生静脉血栓的危险。另外，还需避免紧张及紧急刹车等状况。

第十三周

孕妈妈洗澡时间不宜过久。洗澡时浴室呈现通风不良的状态，湿度极高，导致空气中含氧量偏低，加上皮肤接触到热水，孕妈妈的血管容易产生扩张，血液多数流入四肢与躯干，较少血液流向大脑与胎盘，因此容易产生昏沉现象，孕妈妈洗澡时间过长，甚至可能造成昏厥。

第十四周

胎教方式很多，其中最容易执行的便是“语言胎教”，孕妈妈与准爸爸可将生活中的小知识作为题材，再与胎动相结合，例如孕妈妈可在起床时，对胎儿说说话：“宝贝，早安，今天的太阳好温暖，想不想出去晒晒太阳啊？”也可通过数胎动，与胎儿建立紧密的情感关系。

第十五周

孕妈妈不分年龄，都应该进行母血筛检，以确保胎儿健康。虽然坊间常流传高龄产妇容易生下唐氏症宝宝，但据统计，高龄产妇仅占孕妈妈人口15%，而每年新增的唐氏症宝宝只有17%是高龄孕妈妈所生，大部分还是由年轻孕妈妈生出，因此，孕妈妈接受母血筛检才是最好选择。

第十六周

孕妈妈不适合长时间仰睡或右卧睡。由于妊娠过程中，胎儿会不断增大，如果采取仰睡，增大的子宫会压迫到后方的腹主动脉，以及下腹静脉，因而影响子宫供血量，并妨碍胎儿吸收营养；右卧同样不利胎儿发育，孕期子宫往往不同程度地右旋，右卧则会加重这种现象。

第十七周

孕妈妈切勿因为怀孕而使饭量暴增，例如原先每餐一碗饭，孕后刻意增加至每餐两碗饭。孕妈妈饭量加倍，不等于胎儿吸收的营养加倍，多吃的部分很可能化为孕妈妈身上多余的脂肪。因此，慎选富含营养素的食物，少吃油炸食物及食品添加物，才是饮食的上上之策。

第十八周

孕妈妈体重定检很重要，怀孕18周起，孕妈妈要特别注意体重，妊娠期间平均会增加10至13千克，包含胎盘、胎儿及羊水，这些重量约为6千克，其余为孕妈妈的腰、腹组织及增加的血液。如果孕妈妈过度肥胖，可能罹患妊娠高血压及糖尿病，影响母体及胎儿健康。

第十九周

胎动在十九周更为明显了！胎动是胎儿与世界最直接的互动，好比在向世界宣誓：“我的状况很好喔！”表现形式有呼吸运动、打嗝、滚动及踢动等，孕妈妈可以很明显地感觉到，甚至与他互动。孕妈妈应该每日固定自数胎儿1个小时的胎动，建议可选择晚间8到9点进行。

第二十周

孕妈妈在孕期二十周需小心维持身体平衡，并防止局部肌肉疲劳，可利用一些小方法来维持身体平衡，例如坐下时动作放轻，先坐到椅边，坐稳后再往后挪动身体；做家务时，双脚不要并拢站立，最好一脚微微向前，让双脚错开；拿取东西时，弯曲腰部与膝盖，背部挺直等。

孕期十月注意事项（三）

第二十一周

孕妈妈与胎儿需要一个健康的居住环境，才能让母体与胎儿维持愉悦心情。室内最好保持干净整洁、光线明亮以及空气流通，室温则建议维持在孕妈妈最感舒服的状态，温度太高使人精神不济；温度太低则容易着凉、感冒。此外，室内摆饰也要以孕妈妈的安全为优先。

第二十二周

不是所有运动都适合孕妈妈，幅度及强度较剧烈的运动应避免，例如举重及仰卧起坐，这两种运动都会妨碍血液进入肾脏与子宫，进而影响胎儿的安全，也不可跳跃、快跑、忽然转弯及弯腰，或是长时间运动，这些都会引起孕妈妈的不适反应，应该尽量避免。

第二十三周

孕妈妈应避免打麻将，否则可能对母体及胎儿造成伤害。打麻将时情绪通常会跟着牌桌走向一起高低起伏，甚至处于患得患失、喜怒无常的状态，而现场空气污浊，也容易导致孕妈妈激素分泌异常。打麻将的空间通常烟雾弥漫，即使孕妈妈本身不吸烟，也很容易吸到二手烟。

第二十四周

孕期迈入第二十四周，孕妈妈若出现腹泻反应，不可忽视或自行服药，应立刻就医，查出确切原因，并依照医生开出的处方服药。饮食方面，以半流质为主，不必禁食，以维持孕妈妈应有的体力。

第二十五周

孕妈妈在怀孕后，由于内分泌的变化，心理及情绪都会产生波动，进入怀孕后期之后，由于胎儿急速生长，孕妈妈的负荷会加重许多，加上即将分娩，心理及生理压力都会增大，情绪容易焦躁不安，甚至是突然激动，这时候准爸爸与家人应给予适当的体谅与包容。

第二十六周

水虽是人体不可或缺的重要元素，更是生命之源，但孕妈妈不宜摄取过多的水分，以免对身体产生负担，多余的水分排不出去，在体内蓄积，容易引发水肿。孕妈妈每日进水量建议约2000毫升，除一天的固定进水量，三餐食物所含的水分，也应该全部计算进去才是准确数值。

第二十七周

性格养成是宝宝心理发育的重要发展之一，更是人生发展中不可或缺的重要环节，通常于胎儿时期便会形成。孕妈妈的子宫是胎儿生长的第一个环境，小生命在里头的感受会直接影响将来性格发育与塑造。孕妈妈为培养宝宝良好的性格，应尽力做到不发脾气，并时时保持开心。

第二十八周

孕妈妈若是不小心摔跤，应避免过度紧张，首先要镇定，接着需仔细观察自己是哪个部位受到碰撞，挤压程度是否严重。摔跤时，若撞到腹部或全身重摔，都可能影响到胎儿，甚至可能使胎盘剥离，若是胎盘与子宫壁分开，胎儿会得不到氧气与营养供给，严重时甚至会死亡。

第二十九周

若双胞胎妊娠，孕妈妈的早孕反应会较严重，持续的时间也较长，下肢水肿及静脉曲张、妊娠高血压、羊水过多的几率都较高。分娩时，很容易出现产程延长、胎盘早期剥离、胎位不正的现象。孕妈妈怀有双胞胎需注意营养摄取及适当休息，每日应补充足够睡眠，方能顺产。

第三十周

迈入孕期三十周，孕妈妈应做好心理调节以迎接分娩。在体力、情感及心理状态等方面，孕妈妈开始经历一个异常脆弱的时期，担忧自己保护胎儿的能力减弱，而显得小心翼翼。其实过度的担忧是不必要的，孕妈妈应做好心理调节，才能以最佳状态迎接新成员的到来。

孕期十月注意事项（四）

第三十一周

很多孕妈妈认为看电视既有声音又有图像，可以算是胎教的一种，事实上，这种想法是错误的，长时间看电视，对孕妈妈跟胎儿都会产生不良影响。电视机屏幕在高压电源激发下，向荧光幕持续发射电子流，过程中会产生对孕妈妈不好的高压静电及大量正离子。

第三十二周

妊娠期间，身体会做好分娩准备，腰背韧带会变软并具有伸展性，所以孕妈妈弯腰时，关节韧带被拉紧，就会感觉到背痛，随着胎儿长大，脊椎弯曲度增加，弯腰时更容易感到腰背疼痛。孕妈妈可借助穿平底鞋、避免提重物、不采取弯腰姿势工作等方式来减轻腰背疼痛。

第三十三周

临近分娩时刻，孕妈妈可能会有气喘的现象，由于子宫增大，使横膈膜升高压迫到胸腔，导致孕妈妈呼吸不顺畅，如果用力做事，甚或是讲话，都会感到透不过气来，当胎儿的头部进到骨盆后，气喘现象便可得到纾解。孕妈妈感到气喘时，需要多休息并缓和呼吸，情况会改善。

第三十四周

部分孕妈妈喜欢喝果汁，并在饮用过程中添加糖、蜂蜜或柠檬等食材，但家庭自制果汁时，一定要遵循现榨现喝的原则，不仅营养素可以完整保留，也不用担心细菌进到果汁里，造成孕妈妈的身体负担。水果最好是新鲜食用，若还是想榨汁，果汁机务必要保持干净。

第三十五周

有一些人认为野生动物的营养价值高，对孕妈妈滋补身体很有好处，这是错误的观念。野生动物在野外生长，容易感染寄生虫，或携带各种病毒与细菌，甚至是人类未知的致病细菌，部分不肖之徒，还会使用毒饵猎杀，食用后对母体与胎儿都会产生不良影响。

第三十六周

孕期迈入第三十六周，胎儿的视神经及视网膜尚未发育完毕，这时胎儿最喜欢的光亮，是透过母体腹壁进到子宫的微弱光线。孕妈妈可以挑选适当时机让胎儿享受晴朗的阳光，在阳光和煦的日子里，到公园或郊外走走，将手轻放到腹壁上对胎儿说话，对胎儿都是很棒的刺激。

第三十七周

怀孕晚期，孕妈妈动作开始变得笨拙，部分孕妈妈会选择持续工作到分娩前一天，有些则会提前在家休息，如何选择，其实都要根据各自的工作内容及身体状况而定。如果孕妈妈不知道该如何选择，可以把工作环境、性质及劳动强度等信息告诉医生，再请他提出专业建议。

第三十八周

妊娠九月可能出现很多情况，例如落红，由于临近分娩，子宫下段不停拉长，子宫颈发生变化，子宫下段及子宫颈口附近的胎膜与子宫壁分离，微血管破裂造成。也可能发生频尿、阵发性腹痛，尤其后者，若孕妈妈腹痛频率增强至5分钟1次，每次持续30秒，便是将要分娩的前兆。

第三十九周

宝宝快出生了，孕妈妈可以和胎儿聊聊怎么出世的话题，提前与他轻声沟通，不仅借此安抚自己的紧张心情，更增加分娩的临场感，这时候也可以邀请准爸爸一起加入对话，让胎儿尚未出生，便从母体感受到孕妈妈与准爸爸对自己的欢迎，养成出生后充满爱的美好性格。

第四十周

孕妈妈的胃部不适在这一周会减轻，食欲也会增加，在这样的状况之下，孕妈妈摄取的营养是充足的，只要注意心情调适，维持饮食均衡即可。这个阶段应限制脂肪与碳水化合物的摄取，以免胎儿发育过大，增加分娩难度，并尽量避免在外用餐，以确保食材质量。

孕期十月Q & A

Q1 以排卵检测药来做怀孕准备的依据，这个做法合适吗？

若是确定女性妇科病历、子宫、卵巢及输卵管都是健康状态，使用这种方式一般来说都是准确的。测定排卵期的方式有很多，包含排卵检测药、基础体温检查、超声波检查、激素检查等，女性可选择最适合自己的一种方式来进行。

Q2 怀孕八周，检查时看不见胎儿，请问这是流产吗？

排尿后进行超声波检查、算错怀孕时间等都会导致无法看见胎儿。前者需在母体膀胱充满尿液时，超声波才能准确地拍下画面；后者应从最后一次生理期结束的第14 天（排卵期第一天）算起，但每个人状况不一，有时会出现误差。

Q3 怀孕期间可以与宠物朝夕生活吗？

孕妈妈最好不要与宠物一起生活，否则很容易感染人类没有的弓形体原虫等各种病菌。孕妈妈若是本来就饲有宠物，建议先找个合适的地点寄放，例如乡下的亲戚、朋友家等，待宝宝出生后，家庭已建构不错的生活节奏，再把宠物给接回较好。

Q4 有没有顺利度过孕吐的好方法？

孕妈妈在孕吐期间，应该努力保持己身情绪的稳定，否则，孕吐反应很可能会变得更加剧烈。根据研究，孕妈妈保持放松的精神状态，身体状况会因此改善许多，精神状态越紧绷的孕妈妈，孕吐状况越严重。

Q5 高龄产妇是指什么年纪的女性？高龄产妇常常会遇到什么情况呢？

现代人晚婚，电视节目及日常生活中常听到这个名词，根据世界卫生组织的定义，凡是年龄超过35岁的孕妈妈都会被归类为高龄产妇。相较适龄产妇，这些女性在生产时会面临更多难题与挫折，例如更易罹患妊娠高血压、妊娠糖尿病等。

Q6 试管婴儿是指受精卵以何种方式成功被培育？

以人工方式取得精子与卵子后，在培养液中受精，并将受精卵移到女性子宫中着床，受精卵顺利长成胎儿，并平安被母体诞下，这种出生方式的宝宝被称为试管婴儿。很多罹患不孕症的夫妻，都是借助试管婴儿的方式成为爸妈的。

Q7 常常听到子宫外孕，这个词到底是什么意思呢？

一般情况，受精卵应该在孕妈妈的子宫着床生长，等待诞生；子宫外孕则是指受精卵在子宫以外的地方着床，例如输卵管、卵巢等邻近器官。出现子宫外孕一定要及早手术，否则会造成孕妈妈的身体负担，严重者，还可能丧失性命。

Q8 孕期中可以使用微波炉吗?

对于行动不如以前方便的孕妈妈来说，微波炉是很好的帮手，不仅操作方便，而且快速。不过微波炉的电磁波对胎儿会产生不良影响，孕妈妈应避免在机器运转时，直接站在正前方，以免对母体及胎儿造成不好的影响。

Q9 常听说妊娠期间罹患糖尿病的孕妈妈很多，可以使用代糖产品来避免这个问题吗?

阿斯巴甜、糖精、食用苏打等代替糖分的物品，都属于添加物，从营养学的角度来看，对人体没有好处，建议孕妈妈不需要刻意食用。要预防妊娠糖尿病的发生，就是要采用正确的饮食方式（如：高质量的饮食、少量多餐）与适量的运动。

Q10 乳房小的孕妈妈分泌的乳汁会较少吗?

乳汁分泌的多寡，取决于激素，与乳房大小无关。小乳房相较大乳房，对性的刺激更容易感到敏感，越是小乳房，大脑神经越能快速传递性的刺激，进而促进乳汁的分泌。

Q11 生完宝宝牙齿会变差吗?

虽说胎儿成长与发育的过程需要大量的钙，但就此认定孕妈妈身上的钙会被胎儿吸取，不是完全正确的。产后牙齿变差的孕妈妈，通常是孕期中疏忽对牙齿的保健所致，因此只要做好牙齿清洁、补充足够钙质、避免食用高糖食物，孕妈妈无须过于担忧。

Q12 精神焦虑会有的状况是什么?

孕妈妈在妊娠期间，由于身体及心理发生变化，加上自律神经不稳定，对微弱的刺激也会产生反应，可能表现出兴奋或不安。而传统习俗对妊娠更是有诸多禁忌及限制，也可能导致孕妈妈压力过大，进而造成精神焦虑。

Q13 妊娠健忘症是孕妈妈常发生的症状吗? 应该如何应对呢?

“我要做什么? ”孕妈妈经常出现这样的疑问，甚至在过度思考时感到头昏脑胀，这些都是妊娠健忘症的症状。由于孕妈妈把注意力全部集中在胎儿身上，加上身体较容易疲惫，因此很可能暂时性的降低思考能力，这是一种常见的孕期生理现象，无需过于忧心。

Q14 胎位不正指的是什么?

胎位不正是指胎儿处在颠倒（臀位）或侧躺（横位）的状态。这种状态虽说可以通过外转手术将胎儿的位置转正，但手术后又回归原状的例子也很多，如果分娩前胎儿还是没有恢复到正常位置，一般需要进行剖宫产手术。

图书在版编目（CIP）数据

288道怀孕餐，养胎瘦身两不误 / 孙晶丹主编. --
乌鲁木齐：新疆人民卫生出版社，2016. 8
ISBN 978-7-5372-6638-3

Ⅰ. ①2… Ⅱ. ①孙… Ⅲ. ①妊娠期—妇幼保健—食谱 Ⅳ. ①TS972. 164

中国版本图书馆CIP数据核字(2016)第150437号

288道怀孕餐，养胎瘦身两不误

288 DAO HUAIYUNCAN, YANGTAISHOUSHEN LIANGBUWU

出版发行 新疆人民出版總社
新疆人民卫生出版社
责任编辑 张鸥
策划编辑 深圳市金版文化发展股份有限公司
版式设计 深圳市金版文化发展股份有限公司
封面设计 深圳市金版文化发展股份有限公司
地　　址 新疆乌鲁木齐市龙泉街196号
电　　话 0991-2824446
邮　　编 830004
网　　址 http://www.xjpsp.com
印　　刷 深圳市雅佳图印刷有限公司
经　　销 全国新华书店
开　　本 185毫米×260毫米　16开
印　　张 12
字　　数 150千字
版　　次 2016年8月第1版
印　　次 2016年8月第1次印刷
定　　价 35.00元